Both
904 Prüfungsfragen und Antworten
für Tischler

Roland Both

904 Prüfungsfragen und Antworten für Tischler

2., durchgesehene Auflage

BAUVERLAG GMBH · WIESBADEN UND BERLIN

Die deutsche Bibliothek - CIP-Einheitsaufnahme

Both, Roland:
904 Prüfungsfragen und Antworten für Tischler / Roland Both.
- 2., durchges. Aufl. - Wiesbaden; Berlin: Bauverl., 1995
ISBN 3-7625-3222-2
NE: Neunhundertvier Prüfungsfragen und Antworten für Tischler

1. Auflage 1993
2., durchgesehene Auflage 1995

Druck: Pfälzische Verlagsanstalt GmbH, Landau

ISBN 3-7625-3222-2

Inhaltsverzeichnis

Die mit * gekennzeichneten Fragen betreffen vertiefende Inhalte der jeweiligen Themengebiete. Sie sollen in erster Linie zur Vorbereitung auf die Meisterprüfung sowie auf die Prüfung zum Bautechniker dienen.

1 Der Werkstoff Holz

1.1 Der Wald

1.
Welche wichtigen Aufgaben erfüllt der Wald?

Für den Tischler ist die wohl wichtigste Aufgabe des Waldes die des Holzproduzenten. Daneben erfüllt er noch viele weitere Aufgaben, die hier nicht vollständig wiedergegeben werden können. Er dient

- der Produktion von Sauerstoff,
- der Regulation des Wasserhaushaltes,
- der Regulation des Klimas
- der Grundwasserspeicherung,
- der Verringerung von Luftschadstoffen,
- der Sicherung von Hängen,
- der Sicherung gegen Lawinen und Erdrutsche,
- der Sicherung gegen Bodenabtragungen,
- der Verringerung von Lärmbelastungen,
- als Lebensraum für Jagdtiere, Kleinlebewesen, Vögel. u. a.,
- und nicht zuletzt als Lebens- und Erholungsort für uns alle.

2.
Welches Problem wird mit dem Begriff „Waldsterben" angesprochen?

Der Bundesminister für Agrar- und Forstwirtschaft legte 1984 eine „Waldschadenserhebung" vor, aus der hervorging, daß 50 % des bundesdeutschen Waldes „sichtbar geschädigt" ist. (Der Bericht wird jährlich mit neuen Zahlen und Entwicklungstendenzen veröffentlicht.) Die wichtigsten Ergebnisse dieses Berichts sind:

- Alle Baumarten sind betroffen (Fichte, Tanne, Buche, Eiche, u. a.).

- Die Zunahme der Schäden bei Buche und Eiche ist größer als bei der Fichte.
- Alle Wälder der Bundesrepublik sind betroffen; der Schwerpunkt liegt in Baden-Württemberg und Bayern.
- Waldschädlinge und forstliche Fehler scheiden als Verursacher aus.

3.
Auf welche Ursachen wird das Waldsterben in der öffentlichen Diskussion zurückgeführt?

Auf die Luftverschmutzung und den damit zusammenhängenden „sauren Regen".

Strittig ist die Frage nach dem Schadstoffanteil der Luftverschmutzung und der Bedeutung der einzelnen Schadstoffe. 3,5 Mio. Tonnen Schwefeldioxid werden jährlich in die Luft abgegeben. In Verbindung mit Regenwasser entsteht Schwefelsäure, die in den Boden eindringt und dort die organischen Verbindungen im Humus und im Wurzelboden angreift und weiterhin lebensnotwendige Mineralien wie Magnesium, Kalium, Eisen auswäscht. Auf den Blättern bzw. Nadeln verätzt der saure Regen die natürliche Wachsschicht und erhöht damit die Anfälligkeit der Bäume für Krankheiten. Nadelbäume sind besonders betroffen, weil sich die Nadeln erst in einem Zeitraum zwischen 3 und 14 Jahren regenerieren, wohingegen Laubbäume bekanntlich jährlich ihre Blätter verlieren.

4.
Welche Lösungsvorschläge werden in der Bundesrepublik diskutiert?

Folgende Vorschläge werden diskutiert:

- Änderung der „Technischen Anleitung – Luft" („TA-Luft") zum Abbau der Schwefeldioxidbelastungen durch Kohlekraftwerke,
- Einbau von Entschwefelungsanlagen,
- Tempolimit 100 km/h auf Autobahnen und Fahrzeuge ohne Katalysatoren,
- Wirbelschichtfeuerungsanlagen bei Kraftwerken, die hierbei Schwefeldioxid nicht mehr durch den Schornstein an

die Luft abgeben, sondern mit Kalk versetzen und zu Gips umwandeln.

5.
Wie groß ist der Waldbestand in der Bundesrepublik?

Er beträgt in den alten Bundesländern 7,4 Mio. ha; das entspricht etwa einem Drittel der gesamten Wirtschaftsfläche. In den neuen Bundesländern beträgt der Waldanteil von 2,9 Mio. ha rd. 27 %.

6.
Welchen Anteil in Prozent haben die Baumarten a) Fichte u. a. Nadelhölzer, b) Kiefer und Lärchen, c) Buche, d) Eiche?

Alte Bundesländer:	a) 42 %	b) 27 %	c) 23 %	d) 8 %
Neue Bundesländer:	a) 22 %	b) 54 %	c) 19 %	d) 5 %

7.
Wie hoch ist der durchschnittliche jährliche Holzbedarf in der Bundesrepublik?

Er beträgt ca. 31 Mio. m^3. Davon verarbeitet ca. 35 % das Tischlerhandwerk und erwirtschaftet rd. 30 Mrd. DM. Vom gesamten Holzbedarf stammt 95 % aus dem Inland, 5 % wird aus dem Ausland eingeführt.

8.
Welcher Unterschied besteht zwischen Festmeter (fm) und Raummeter (rm)?

Beide Maße sind Volumenangaben für Rundhölzer und werden in m^3 angegeben. Die Festmeterangabe bezieht sich auf die reine Rundholzmasse, die Raummeterangabe auf gestapeltes Rundholz mit Stapelhohlräumen.

9.
Welche der beiden Meßangaben ist genauer?

Die Festmeterangabe.

10.
Wie verteilen sich die Tropenholzimporte auf Rundholz, Schnittholz und Furnierware?

Rundholz kommt zu 90 % aus Afrika, Schnittholz zu 70 % aus Asien, hier vor allem aus Malaysia (Dark Red Meranti) und Indonesien. Furniere stammen überwiegend aus Afrika.

11.
Aus welchen Kontinenten bzw. Ländern werden folgende Tropenhölzer überwiegend importiert: a) Meranti, b) Oregon Pine, c) Sipo, d) Limba, e) Wenge, f) Macore, g) Rio Palisander, h) Hemlock?

a) Asien (Malaysia und Indonesien), b) Westküste von Nordamerika, c) Afrika (Ghana), d) Afrika, e) Afrika (Gabun, Kamerun, Zaire), f) Ghana, Nigeria, g) Brasilien, h) Westküste von Nordamerika.

1.2 Der Aufbau des Holzes

1.
Wie heißen die wichtigsten Teile des Baumes?

Er besteht im wesentlichen aus Wurzeln, Stamm und Krone.

2.
Welche Aufgaben haben diese Teile zu erfüllen?

Wurzeln: Die dickeren Haupt- und Nebenwurzeln verankern den Baum im Boden. Die feinen Haarwurzeln nehmen mit dem Wasser die gelösten Nährstoffe auf.

Stamm: Transport der Nährstofflösung.

Krone: Träger des Blattwerks.

3.
Welcher Teil des Stammes führt den Saft in die Krone?

Der Splint.

4.
Warum steigt das Wasser entgegen seiner Schwerkraft von den Wurzeln bis in die Krone?

Diesem Phänomen liegen zwei physikalische Gesetze zugrunde: die Kapillarität in den engen Zellen und die Sogwirkung, die durch die Verdunstung des Wassers an der Blatt- bzw. Nadeloberfläche hervorgerufen wird.

5.
Welche Trennschnitte bzw. Schnittebenen unterscheidet man am Stamm?

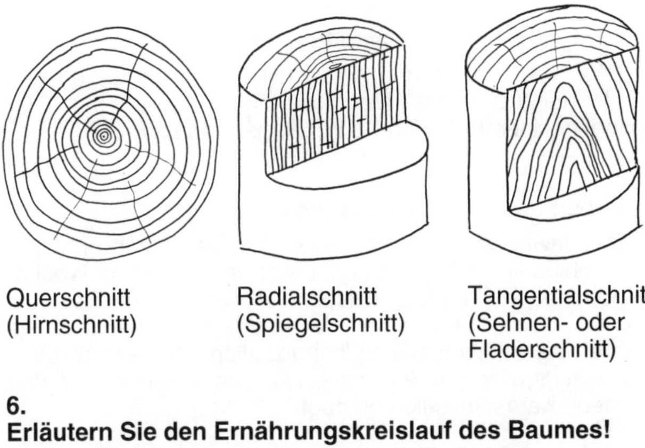

Querschnitt (Hirnschnitt) — Radialschnitt (Spiegelschnitt) — Tangentialschnitt (Sehnen- oder Fladerschnitt)

6.
Erläutern Sie den Ernährungskreislauf des Baumes!

Die im Wasser gelösten Mineralien im Boden gelangen durch die Haarwurzeln in den Baum. Durch Kapillarität und Sogwirkung gelangt die Nährsalzlösung durch den Splint zu den Blättern bzw. Nadeln. Die Umwandlung dieser Nährsalze (Erdnahrung) in Traubenzucker, Stärke u. a. (Baumnahrung) geschieht durch Fotosynthese. Dabei wird Sauerstoff an die Luft abgegeben.

7.
Was versteht man unter Assimilation?

Assimilation ist die Umwandlung der in Wasser gelösten Nährsalze in pflanzliche Nährstoffe. Dieser Umwandlungsprozeß wird mit Hilfe des in der Luft vorhandenen Kohlendioxids (CO_2), des Blattgrüns (Clorophyll) der Blätter und dem Sonnenlicht vollzogen. Dabei wird Sauerstoff (O_2) an die Luft abgegeben.

8.
Was ist mit dem Begriff „Erdnahrung“ gemeint?

Die in Wasser gelösten Salze wie Phosphor, Stickstoff, Magnesium, Kalium, Eisen, Kalzium u. a.

9.
Was ist mit pflanzlicher Nahrung gemeint?

Stärke, Traubenzucker, Zellulose, Eiweiß.

10.
Wie erfolgt das Längenwachstum am Baum?

Am Ende von Stamm und Ästen teilen sich die Zellen und entwickeln neue Triebe. Der Zuwachs an Zellen mit einer längsgestreckten Form führt zum Längenwachstum.

11.
Wie erfolgt das Dickenwachstum am Baum?

Das Dickenwachstum am Stamm und in den Ästen erfolgt in der Kambiumschicht. Während der zwei wichtigen Wachstumsperioden – Frühholz zwischen April bis Juni, Spätholz zwischen Juli und September – teilen sich die Zellen dort. Sie erzeugen nach innen die Splintholzzellen, den eigentlichen Holzzuwachs, nach außen die Bastzellen. Daneben werden noch neue Kambiumzellen erzeugt.

12.
Wo müßte man Schnitzereien in der Baumrinde nach einigen Jahren suchen?

Fast an der gleichen Stelle und nicht, wie vielleicht angenommen, weiter oben, da das Längenwachstum des Baumes in den Astspitzen stattfindet, am Stamm das Dickenwachstum.

13.
Welche typischen Merkmale sind am Hirnschnitt einer Kiefer zu erkennen?

Von außen nach innen: Borke, Bast, Frühholz- und Spätholzring, die zusammen einen Jahresring ergeben. Quer dazu verlaufen die Marktstrahlen. Der dunkle Bereich in der Mitte ist der Kern, das helle, noch wasserführende Holz wird als Splintholz bezeichnet.

14.
Woran erkennt man den Unterschied zwischen Frühholzzone und Spätholzzone?

Das im Frühjahr gewachsene Holz ist heller und breiter als das im Spätjahr gebildete. Ursache ist das schnellere Wachstum in dieser Zeit. Die Frühholzzellen sind weicher als die Spätholzzellen. Dieser Unterschied fällt bei Laubbäumen weniger deutlich auf als bei Nadelhölzern. Bei Tropenhölzern fehlt diese Kennzeichnung gänzlich.

15.
Welche typischen Merkmale sind am Spiegelschnitt einer Eiche zu erkennen?

Hier erkennt man eine schlichte, parallel verlaufende Maserung (Streifen). Die der Länge nach aufgeschnittenen Marktstrahlen (Parenchymzellen) werden wegen der glänzenden Erscheinung „Spiegel" genannt. Man findet sie vor allem bei Eiche, Buche und Rüster.

16.
Welche typischen Merkmale sind am Fladerschnitt zu erkennen?

Hier erkennt man einen pyramiden- bzw. kegelförmigen Verlauf der Maserung, die „Fladerung" genannt wird.

17.
In welche Gruppen unterteilt man Bäume nach ihrer Verfärbung am Hirnholz?

Nach Kern-, Splint-, Reif- und Kernreifholzbäume.

18.
Woran erkennt man die einzelnen Gruppen?

Kernholzbäume erkennt man am dunkleren Teil im Kernbereich. Die Verfärbung ist auf Einlagerungen von Gerb- und Farbstoffen, Harzen, Fette und Wachse zurückzuführen. Dieser Bereich ist härter und widerstandsfähiger. Der hellere Bereich ist das Splintholz. Splintholzbäume haben keine Verfärbung und führen den Saft über den gesamten Querschnitt.

Reifholzbäume sind zwar verkernt, führen in dieser Zone auch keinen Saft mehr, weisen aber keine Verfärbung auf. Kernreifholzbäume haben Zonen von Kern-, Reif- und Splintholz.

19.
Welche Holzarten gehören zu den einzelnen Gruppen?

Kernholzbäume:	Eiche, Kiefer, Lärche, Kirschbaum, Nußbaum, Esche.
Splintholzbäume:	Ahorn, Birke, Weißbuche, Erle.
Reifholzbäume:	Fichte, Tanne, Linde, Rotbuche.
Kernreifholzbäume:	Ulme.

20.
Welche Holzzone arbeitet stärker und ist auch empfindlicher für Pilz- und Insektenbefall?

Das Splintholz.

21.
Wie ist eine Holzzelle aufgebaut?

Zellwand:	umschließt Zellsaft und Zellkern
Zellkern:	rundlicher Kern in der Mitte der Zelle, Träger der Erbmasse
Zellsaft (Protoplasma):	Nahrung des Zellkerns
Farbstoffträger:	befinden sich im Zellsaft
Zellwand:	besteht aus Zellulose und Lignin
Zellhohlraum:	abgestorbener Hohlraum, der bei Kernholzbäumen mit Harz, Lignin u. a. im Laufe der Zeit angereichert wird.

22.
Welcher biologischer Unterschied besteht zwischen Pilzen und Pflanzen?

Pilze besitzen kein Chlorophyll. Sie benötigen deshalb für ihren Aufbau einen Wirt, der ihnen die pflanzliche Nahrung produziert. Das erklärt auch, warum sie im Dunkeln existieren können.

23.
Aus welchen Bestandteilen setzt sich die Holzsubstanz zusammen?

Zellulose 40–60 %, Lignin 20–40 %, Holzinhaltsstoffe wie Harze, Fette, Gerbstoffe und Mineralien 0,3–10 %.

24.
Welche Zellarten gibt es bei Nadelbäumen?

Tracheiden und Parenchymzellen. Die großporigen und dünnwandigen Frühholztracheiden dienen zum Wassertransport, die dichwandigeren Spätholztracheiden vornehmlich der Festigung des Stammes. In der Spätholzzone sind meist die Harzkanäle zu finden.

Parenchymzellen dienen zur Speicherung von Nährstoffen.

25.
Was sind Tüpfel?

Tüpfel sind kleine Öffnungen zwischen den einzelnen Nachbarzellen. Man kann sie sich als kleine Ventile vorstellen, die den Stoffaustausch zwischen den Zellen sicherstellen. Sie verhindern auch bei einer äußeren Verletzung des Baumes das „Ausbluten".

26.
Welche Nadelbäume besitzen keine Harzgallen?

Tanne, Eibe, Wacholder und Zypresse.

27.
Welche Zellarten gibt es bei Laubbäumen?

Tracheen (Poren, Leitzellen):	sie führen den Saft.
Sklerenchymzellen:	Holzfaserzellen zur Festigung des Holzes.
Parenchymzellen:	Speicherung von Reservestoffen, sichtbar als Markstrahlen.

28.
Welcher Unterschied im Zellaufbau besteht zwischen Laub- und Nadelbäumen?

Nadelbäume besitzen fast ausschließlich Faserzellen, die dem Holz die Festigkeit verleihen. Diese Zellen versorgen den Baum auch mit Wasser. Diese Aufgabe übernehmen bei den Laubbäumen die Poren. Entwicklungsgeschichtlich sind Nadelbäume älter als Laubbäume. Daher erklärt sich der einfachere Zellaufbau.

29.
Welche Laubhölzer besitzen große Poren, die mit dem bloßen Auge zu erkennen sind und deshalb als „grobporige Hölzer" bezeichnet werden?

Eiche, Esche, Nußbaum, Ulme.

30.
Welche Holzarten besitzen feine, nur mit Vergrößerung erkennbare Poren und werden deshalb als „feinporige Hölzer" bezeichnet?

Ahorn, Birn- und Kirschbaum, Birke, Buche, Linde.

31.
Welche Gruppen von Laubbäumen unterscheidet man im Hinblick auf die Porenanordnung bzw. Porenverteilung?

Es gibt ringporige, halbringförmige und zerstreutporige Anordnung bei Laubhölzern.

32.
Welche Laubhölzer haben eine ringporige Anordnung?

Eiche, Esche, Ulme, Robinie und Edelkastanie.

33.
Welche Laubhölzer haben eine halbringporige Anordnung?

Nuß-, Kirsch- und Pflaumenbaum.

34.
Welche Laubbäume haben eine zerstreutporige Anordnung?

Ahorn, Birnbaum, Erle, Linde, Pappel, Rot- und Weißbuche, Weide und i. d. R. alle Tropenhölzer.

1.3 Eigenschaften des Holzes

1.
Wie ist die Rohdichte (ρ) definiert?

Sie ist definiert als Verhältnis von Masse und Volumen des Holzes (mit Poren!).

2.
Wie kann man die unterschiedlichen Rohdichten der einzelnen Holzarten erklären?

Schwere Hölzer besitzen dicke Zellwände und kleine Zellhohlräume; leichte Hölzer besitzen dünnwandige Zellwände und große Poren.

***3.**
Bei welcher Holzart – Fichte oder Eiche – ist die Dichte der reinen Holzsubstanz ohne Poren größer?

Bei keiner. Sie beträgt bei allen Holzarten etwa 1,56 g/cm^3, weil sich dieser Wert im Gegensatz zur Rohdichte nur auf die reine Holzmasse ohne Poren bezieht.

4.
Nennen Sie Beispiele für sehr leichte, leichte, ziemlich leichte, mäßig schwere, schwere und sehr schwere Hölzer!

sehr leicht:	Balsa
leicht:	Linde, Pappel, Tanne
ziemlich leicht:	Fichte, Kiefer
mäßig schwer:	Ahorn, Buche, Esche, Eiche
schwer:	Wenge
sehr schwer:	Pockholz, Ebenholz

5.
Welche Holzarten zählen zu den harten Hölzern?

Weißbuche, Ulme, Esche.

6.
Welche mechanischen Festigkeiten werden für die Beanspruchung des Holzes unterschieden?

Druck-, Zug- (Längs- und Querzug), Schub-, Biege- und Torsionsfestigkeit.

7.
In welche Richtung hat das Holz seine größere Druckfestigkeit?

Lösung a) ist richtig.

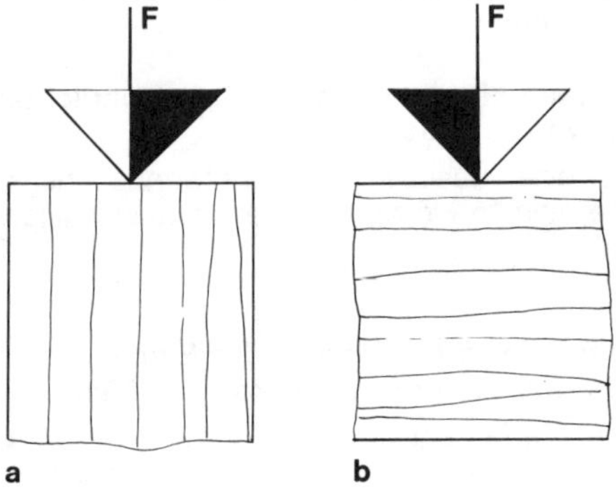

8.
Welche Faktoren verringern die Zug- und Biegefestigkeit?

Äste und Wuchsfehler.

9.
Warum muß die Angabe der Rohdichte immer auf den Feuchtegehalt des Holzes bezogen sein?

Weil sich bei unterschiedlichem Holzfeuchtegehalt die Rohdichte ändert. Je höher der Wassergehalt, desto höher ist die Rohdichte.

10.
Welche Holzverbindungen werden auf Schub (Abscheren) belastet?

Keil-, Zink- und Gratverbindungen.

11.
In welcher Einheit werden die einzelnen Festigkeiten angegeben?

Spannung = Kraft/Fläche (N/mm^2).

12.
Leitet Holz den elektrischen Strom?

Absolut trockenes Holz (darrtrocken) leitet den Strom nicht. Feuchtes Holz ab ca. 3 % Feuchtegehalt leitet Strom mit zunehmendem Feuchtegehalt. Diese Tatsache ermöglicht die Holzfeuchtebestimmung mit elektrischen Meßgeräten. Denn je höher der Holzfeuchtegehalt, desto geringer ist der elektrische Widerstand.

13.
Wie ist die Wärmedämmfähigkeit im Vergleich zu Metallen, Kunststoffen, Beton und Mauersteinen zu beurteilen?

Die Wärmedämmfähigkeit des Holzes ist im Vergleich zu Mauersteinen und vor allem Beton erheblich besser. Sie ist etwa gleich groß wie bei den gebräuchlichen Kunststoffen. Der physikalische Vergleichswert ist die Wärmeleitzahl [λ] (sprich „klein Lambda"). Er beträgt für Nadelholz 0,14 [W/K · m].

14.
Ist Holz gesundheitsschädigend?

Nein. Allerdings werden Holzstäube seit 1982 in der MAK-Werte-Liste als krebsverdächtig eingestuft (MAK = maximale Arbeitsplatzkonzentration). Eichen- und Buchenstaub werden seit 1985 als Stoffe eingestuft, die Krebs erzeugen können (vor allem Nasenschleimhautkrebs).

1.3.1 Holzfeuchtigkeit

15.
Was versteht man unter Arbeiten des Holzes?

Im Gegensatz zu anderen Werkstoffen wie Metallen und Kunststoffen verändert Holz seine Form, wenn Feuchte- oder Klimaschwankungen eintreten. Diese Formänderungen bezeichnet man als Arbeiten des Holzes.

16.
Warum arbeitet Holz?

Eine Grundeigenschaft des Holzes ist seine Feuchtigkeitsauf- und -abgabe an die Luft. Diese Eigenschaft nennt man hygroskopisch. Sie ist abhängig von der Lufttemperatur und der relativen Luftfeuchtigkeit. Ändert das Holz aufgrund einer Klimaveränderung seine Holzfeuchte, treten Volumen- und Formänderungen auf.

17.
Welche Materialien sind wie Holz noch hygroskopisch?

Leder, Baumwolle, Papier u. a.

18.
Welche Formänderungen können beim Arbeiten des Holzes auftreten?

Je nach Faserverlauf des Schnittholzes kann es quellen, schwinden, hohl und rund werden, sich verwerfen und verziehen, windschief werden und reißen.

19.
Wie heißen die drei Schwundrichtungen?

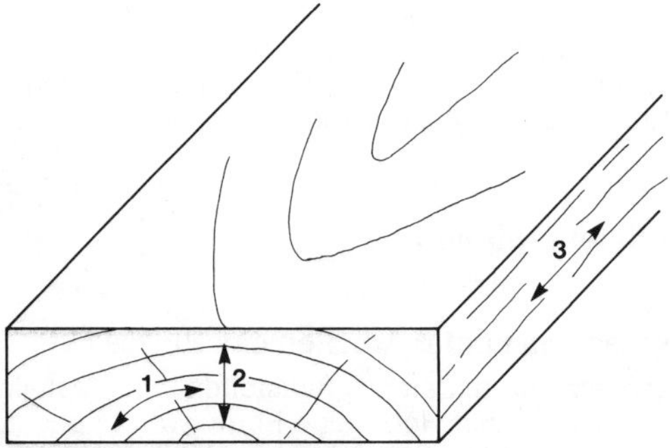

1) in Richtung der Jahresringe: tangential
2) in Richtung der Markstrahlen: radial
3) in Längsrichtung: axial

20.
Wieviel Prozent kann das Holz in den Schwundrichtungen schwinden bzw. quellen?

Tangential etwa 10 %, radial 5 % und axial etwa 0,1 %. Genauere Werte sind der Holzart entsprechend aus der DIN 68 100 zu entnehmen. Man erkennt aber schon an diesen groben Werten, daß Holz in tangentialer Richtung rd. 100mal mehr arbeiten kann als in Längsrichtung. Das Arbeiten in der Längsrichtung wird in der Praxis deshalb auch selten berücksichtigt.

21.
Welche Holzfeuchte sollte Holz für folgende Werkstücke aufweisen (ZH = zentral beheizte Räume; OH = mit Ofen beheizte Räume): a) Gartenmöbel, b) Heizkörperverkleidungen, c) Deckenverkleidungen (ZH), d) Parkettstäbe (ZH), e) Möbel (OH), f) Fenster, g) Füllungen für Innentüren (ZH)?

a) 13–16 %, b) 6–8 %, c) 6–8 %, d) 10–12 %, e) 10–12 %, f) 12–15 %, g) 6–8 %

1.4 Trocknung, Lagerung und Pflege des Holzes

1.
Welche Methoden der Holzfeuchtebestimmung gibt es?

Die Darrprobe und die elektrische Holzfeuchtebestimmung.

2.
Beschreiben Sie die Darrprobe!

In einem Abstand von mehr als 15 cm vom Hirnende werden Probestücke entnommen und genau gewogen. Man erhält das Feuchtgewicht. In einem elektrisch beheizten Trockenofen wird das Probestück so lange getrocknet, bis kein Gewichtsverlust mehr festzustellen ist. Das im Holz enthaltene Wasser ist entwichen. Das Holz ist jetzt darrtrocken. Dieses Gewicht nennt man Darrgewicht. Den Feuchtegehalt des Holzes kann man nun nach folgender Formel bestimmen:

$$u = \frac{m_f - m_{tr}}{m_{tr}} \times 100\ \%$$

u = Holzfeuchtegehalt in %

m_f = Feuchtegewicht

m_{tr} = Darrgewicht

3.
Beschreiben Sie die Holzfeuchtebestimmung mit Hilfe des elektrischen Holzfeuchtemeßgerätes!

Die physikalische Grundlage für die Bestimmung des Holzfeuchtegehaltes durch elektrische Meßgeräte ist die Tatsache, daß Holz den elektrischen Strom um so besser leitet, je höher sein Feuchtegehalt ist. Für den Meßvorgang werden zwei Elektroden in das Werkstück eingeschlagen. Holzart, Holztemperatur und Batteriespannung sind einzustellen bzw. zu überprüfen. Das Ergebnis wird digital angezeigt. Im Bereich von 4–25 % Holzfeuchte weisen die Geräte eine Toleranz von ca. 0,5–1,0 % Holzfeuchte auf.

4.
Wie ist die relative Luftfeuchtigkeit definiert?

Als Verhältnis zwischen absoluter und maximaler Luftfeuchtigkeit.

5.
Wie verändert sich die relative Luftfeuchtigkeit bei steigender Temperatur und gleichbleibender absoluter Luftfeuchtigkeit?

Sie nimmt ab.

6.
Wie verändert sich die maximale Wasseraufnahmefähigkeit der Luft bei steigenden Temperaturen?

Die maximale Wasseraufnahmefähigkeit der Luft steigt überproportional an. Sie steigt z. B. im Bereich zwischen 20 °C und 40 °C von 17,2 auf 50,8 g/m³ an. Die doppelt so hohe Temperatur ermöglicht in diesem Intervall, daß die Luft nicht etwa 2mal, sondern 3mal so viel Feuchtigkeit aufnehmen kann.

7.
Warum muß das Holz für den Tischler überhaupt getrocknet werden?

- Zu feuchtes Holz führt zu Form- und Maßabweichungen und Rissen beim anschließenden Nachtrocknen.
- Es erhöht die Gefahr des Pilzbefalls.
- Es kann zu Fehlverleimungen führen.
- Es führt leichter zu Fehlern in der Oberflächenbehandlung.
- Feuchtes Holz läßt sich schlechter bearbeiten.

8.
Welche Faktoren haben Einfluß auf den Trocknungsvorgang beim Holz?

Die Lufttemperatur, die relative Luftfeuchtigkeit und die Luftgeschwindigkeit haben Einfluß auf den Trocknungsvorgang.

9.
Welche baulichen Merkmale sollte ein guter Lagerplatz aufweisen?

Der Untergrund sollte mindestens eine Kiesschüttung haben und keinen Sand, der vom Wind zu leicht über das Stapelgut verstreut würde. Mutterboden eignet sich auch nicht als Untergrund, denn die Standfestigkeit ist zu gering und das Risiko eines Schädlingsbefalls zu groß. Der Sockelunterbau soll wegen der Spritzwassergefahr höher als 40 cm angelegt sein und ein Gefälle in Längsrichtung von 2–3 cm auf 1 m Länge aufweisen. Die Stapelausrichtung soll möglichst quer zur Hauptwindrichtung verlaufen.

10.
Welche Merkmale soll ein guter Stapelbau aufweisen?

Ein Oberbau soll gegen Regen und direkte Sonneneinstrahlung schützen. Das Hirnholz ist vor zu schneller Austrocknung und der damit verbundenen Gefahr der Rißbildung zu schützen. Die Stapelleisten aus Fichte sind senkrecht übereinander auszurichten. Das Stapelgut soll in voller Breite von den Stapelleisten unterstützt sein. Mindestens 1mal im Jahr sollte man den Stapel umschichten.

11.
Wie kann die Rißbildung am Hirnende der Schnittware vermieden werden?

Die Stapelleisten werden am Hirnende breiter gewählt, um sie dort überstehen zu lassen. Dadurch werden sie bei starker Sonneneinstrahlung etwas beschattet.

Weitere Möglichkeiten sind:

- Anstrich mit Flüssigwachs oder Farbe,
- Anschlagen von Leisten,
- Einschlagen von Metallbändern. Achtung! Nur bei Hölzern ohne Gerbsäure.

12.
Warum sollte man keine Stapelleisten aus Laubholz und vor allem kein Eichenholz verwenden?

Laubholz ist zu hart und könnte Druckstellen in der Stapelware hinterlassen. Eichenholz kann das Stapelgut wegen seines hohen Gerbsäuregehaltes verfärben.

13.
Welche Vor- und Nachteile hat die natürliche Holztrocknung?

Nachteile sind der durchschnittliche Holzverlust von ca. 8 % durch Risse, Schädlinge u. a., die lange Lagerzeit und der Lagerflächenbedarf, der Mietkosten verursachen kann, die lange Kapitalbindung und die Tatsache, daß Holz im Freien auf nicht weniger als 15 % Holzfeuchte heruntergetrocknet werden kann. Von Vorteil ist der hierbei stattfindende langsame, gleichmäßige Trocknungsablauf, der Entzug der Gerbsäure bei Eichenholz und das damit verbundene geringere Risiko der Verfärbung. Außerdem fallen keine Energiekosten an.

14.
Der obere Teil des Blockstapels wird leicht rund. Wie kann man diese Verformung verringern?

Indem die obere Hälfte des Stapels mit der rechten Seite nach oben umgelegt wird. Dies kann vorzugsweise bei der jährlichen Umschichtung geschehen.

15.
Welche künstlichen Trocknungsverfahren werden in Handwerksbetrieben hauptsächlich angewendet?

- Frischluft-Abluft-Trocknung (Konvektionstrocknung),
- Kondensationstrocknung,
- Vakuumtrocknung.

16.
Wie verläuft der Trocknungsvorgang bei der Frischluft-Abluft-Trocknung?

Die meisten Systeme besitzen Ventilatoren an der Stirnseite des Trockengutes, die Frischluft ansaugen. Der Luftstrom wird erhitzt und durch das Trockengut geblasen. Die Luftfeuchtigkeit steigt durch die Feuchtigkeitsabgabe des Holzes an und wird teilweise ins Freie geleitet. Eine Sprühvorrichtung erlaubt die Zugabe von Wasserdampf, um bei Bedarf das Absinken der relativen Luftfeuchtigkeit auf kritische Werte zu verhindern. Die Trocknungstemperaturen liegen zwischen 30–90 °C. Als Heizenergie kommen neben elektrischer Energie auch Heißwasser und Ölheizung in Frage.

17.
Welcher Unterschied besteht zwischen Längsström- und Querströmlüftungssystemen?

Beim Längsströmlüftungssystem befinden sich die Ventilatoren an der Hirnholzseite des Trockengutes, bei der Querströmlüftung an der Längsseite.

18.
Wie verläuft der Trocknungsablauf bei der Kondensationstrocknung?

Im Prinzip handelt es sich hierbei auch um eine Verdunstungstrocknung; nur wird die feuchte Luft nicht abgeführt, sondern in einen Kreislauf geführt. In diesem Kreislauf wird die wasserdampfgesättigte Luft abgekühlt, das dabei anfallende Wasser wird dem Kreislauf entzogen. Ein Kompressor heizt die gekühlte und getrocknete Luft wieder auf. Sie gelangt über ein Heizregister und einen Ventilator wieder in die Kammer. Zusatzheizungen unterstützen den Erwärmungsprozeß. Dieser Vorgang beruht auf dem Prinzip der Wärmerückgewinnung, da die Verdampfungswärme und die Verlustwärme des Aggregats verwertet werden. Sprühvorrichtungen sind nicht notwendig, aber zur Sicherheit eingebaut. Die Trocknungszeiten sind bei diesem Verfahren länger, weil mit geringerer Trocknungstemperatur und niedrigeren Luftgeschwindigkeiten getrocknet wird.

19.
Welcher wesentliche Unterschied besteht zwischen der Konvektions- und der Kondensationstrocknung?

Bei der Konvektionstrocknung (Frischluft-Abluft-Verfahren) wird in Intervallen Frischluft zugeführt, die erneut erwärmt wird. Kondensationstrockner haben einen geschlossenen Trocknungskreislauf und erfordern keine zusätzliche Luftbefeuchtung.

20.
Was würde geschehen, wenn der Frischluft-Abluft-Trockner auf 80 °C ohne Zugabe von Wasserdampf hochgefahren würde?

Die relative Luftfeuchtigkeit würde sehr stark sinken, das Holzfeuchtigkeitsgefälle stark ansteigen und beim Holz zu Verschalungen führen.

21.
Erläutern Sie das Verfahren der Vakuumtrocknung!

In der Trockenkammer wird ein Vakuum (Unterdruck) erzeugt und gleichzeitig Wärme zugeführt. Die Luftdruckabnahme verringert den Widerstand des Holzes, Feuchtigkeit abzugeben. Heizplatten, die zwischen den Holzlagen liegen, beschleunigen diesen Prozeß. Die Heizplatten können auch durch Warmluftsysteme ersetzt werden.

22.
Welche Vorteile bietet die Vakuumtrocknung gegenüber den anderen Systemen?

Die Trocknungszeiten können bis zu 5mal schneller sein. Die Energiekosten sind damit geringer.

23.
Welche Grundsätze sollten bei der künstlichen Holztrocknung immer beachtet werden?

Das Trockengut sollte immer die gleiche Holzart, Holzdicke, Zuschnittsform und die gleiche Anfangs- und Endfeuchte besitzen.

24.
Wie ist zu verfahren, wenn man mehrere Holzarten zusammen trocknen möchte?

Der Trocknungsfahrplan muß nach der empfindlichsten Holzart eingestellt werden.

25.
Nennen Sie einige Trocknungsfehler, die bei der künstlichen Trocknung auftreten können!

Trockenrisse, Verschalung, Verfärbungen, Zellkollaps, Harzausfluß.

26.
Was versteht man unter Verschalung?

Verschaltes Holz steht unter inneren Spannungen, die meist zu Rissen führen. Sie rühren von einer zu schnellen Trocknung her, weil der Feuchtefluß des Holzes von innen nach außen unterbrochen wurde. Wird dieser Umstand während der Trocknung durch z. B. eingeschnittene Holzproben (sog. „Gabelproben") rechtzeitig erkannt, kann dieser Prozeß durch ein Besprühen des Trockengutes verhindert werden. Verschaltes Holz ist für den Tischler unbrauchbar.

27.
Welche Vorkehrungen müssen getroffen werden, wenn Harzausflüsse vermieden werden sollen?

Die Trocknungstemperatur muß unter 60 °C liegen.

28.
Wie kann das Risiko der Verfärbung bei Laubhölzern eingeschränkt werden?

Die relative Luftfeuchtigkeit darf nicht so hoch sein.

1.5 Holzarten und ihre Bestimmung

1.
An welchen Merkmalen läßt sich eingeschnittenes Holz mit dem bloßen Auge erkennen?

Die Holzartenbestimmung ist nicht ohne eine reiche Erfahrung und Kenntnis im Umgang mit dem Holz möglich. Um sich die Kenntnisse systematisch anzugeignen, sollte man auf folgende Merkmale der Hölzer achten: Holzfarbe und Zeichnung, Porigkeit (Porengröße und -anordnung), Verlauf der Jahresringe und Zuwachszonen, Vorkommen von Harzkanälen, Äste, Markstrahlen (Spiegel bei der Eiche), mechanische Eigenschaften und nicht zuletzt den Geruch des Holzes.

2.
Welche Holzart besitzt keine Poren?

Alle Nadelholzarten.

3.
Woran erkennt man den Unterschied zwischen Fichten- und Nadelholz?

Tannenholz besitzt keine Harzkanäle. Am Baum erkennt man die Fichte an den stehenden, die Tanne an den hängenden Zapfen.

4.
Woran erkennt man den Unterschied zwischen Fichten- und Kiefernholz?

Die Fichte gehört zur Gruppe der Reifholzbäume und besitzt im Gegensatz zur Kiefer keinen dunklen Kern.

5.
Bei welchen Holzarten sind die Spiegel deutlich zu erkennen?

Vor allem bei Eichen-, Buchen-, Rüstern- und Ahornholz.

1.6 Holzschädlinge und Holzschutzmaßnahmen

1.6.1 Pilze

1.
Woraus bestehen Pilze?

Sie bestehen aus einem Netz von Zellfäden und dem Fruchtkörper. Die Fäden nennt man auch Hyphen, das gesamte Netz Myzel. Der Fruchtkörper bildet die Sporen für die Fortpflanzung.

2.
Welche Lebensbedingungen benötigen Pilze?

Sie benötigen Temperaturen zwischen 2 und 40 °C, eine hohe Holzfeuchtigkeit (u = 20 %), eine hohe Dauerfeuchtigkeit, wenig Licht und ruhende Luft. In der Luft befinden sich stets Pilzsporen, die beim Antreffen von günstigen Klimaverhältnissen das Holz befallen. Wichtig ist es also, das Holz stets trocken zu halten und Wassereinflüsse, wie sie beim Holzfenster vorkommen, sofort abzuleiten, um eine dauernde hohe Holzfeuchtigkeit zu verhindern.

3.
Warum können sich Pilze ohne Licht entwickeln?

Pilze besitzen kein Chlorophyll. Sie vollziehen keine Fotosynthese und holen sich die notwendigen pflanzlichen Aufbaustoffe von ihrem „Wirt".

4.
Warum befallen Pilze das Holz?

Sie finden darin die für sie lebenswichtigen Stoffe wie Zucker, Eiweiß und Stärke.

5.
Warum sind Pilze so gefährlich für das Holz?

Pilze, die das verarbeitete Holz befallen, zerstören den Zellaufbau durch Abbau der Zellulose. Es bleibt dann das braune Lignin übrig (Braunfäule). Die Festigkeit des Holzes ist dadurch zerstört.

6.
Welche Pilzarten befallen am häufigsten verarbeitetes Holz?

Der echte Hausschwamm, der Blättling und der Kellerschwamm.

7.
Welcher Pilz verfärbt das Holz und zerstört es nicht?

Der Bläuepilz. Er befällt nur Nadelholz im feuchten Zustand (u = 28–30 %), vorzugsweise das Kiefernholz. Unsachgemäß gelagertes Kiefernholz kann über Nacht befallen werden. Eine sorgfältige Stapelung des Holzes mit guter Durchlüftung verhindert den Befall.

8.
Warum ist der Ausdruck „Bläuefäule“ im eigentlichen Sinn falsch?

Unter Fäule versteht man faules, d. h. zerstörtes und nicht mehr tragfähiges Holz. Da der Bläuepilz nur die Holzinhaltsstoffe und nicht die Zellstruktur angreift, verringert er nicht die Festigkeit des Holzes.

9.
Warum erlaubt die DIN-Norm über Holzfehler trotzdem nur einen geringen Bläuepilzbefall?

Die Fruchtkörper des Bläuepilzes können den späteren Lack- oder Farbfilm zerstören. Daneben wirkt seine dunkle Färbung störend bei nichtdeckenden Anstrichen.

10.
Warum ist der echte Hausschwamm so gefährlich?

Er befällt vorwiegend verbautes Holz, wie Fachwerkbalken, Träger, Dielen u. ä., sowie Teppiche und Tapeten. Tritt er an tragenden Holzbauteilen auf, muß er der nächsten Baubehörde gemeldet werden. Denn er zersetzt sehr rasch die Zellulose des Holzes und verringert die Tragfähigkeit. Seine bis zu fingerdicken Myzelstränge sind in der Lage, Mauerteile zu überbrücken und in der neuen Umgebung auch trockenes Holz zu befallen.

11.
Warum ist der echte Hausschwamm in der Lage, auch trockenes Holz zu befallen?

Der echte Hausschwamm kann durch Stoffwechselvorgänge Wasser selbst erzeugen und sich damit seine notwendige feuchte Umgebung selbst schaffen.

12.
Was versteht man unter Trockenstarre?

Wenn ein Pilz sein Wachstum bei ungünstigen Klimaverhältnissen einstellen kann und es bei günstigen Klimaverhältnissen wieder fortsetzt.

13.
Wie unterscheiden sich die Myzelstränge des Hausschwammes von anderen Pilzarten?

Im trockenen Zustand erzeugen die Stränge beim Zerbrechen ein knackendes Geräusch.

14.
Welcher Pilz befällt vorzugsweise Holzfenster aus Nadelholz?

Der Blättling. Er ist aber auch an anderen Außenhölzern vorzufinden, weil er sehr feuchtes Holz bevorzugt. Er wächst nur im Holzinnern und ist daher von außen nur zu erkennen, wenn seine Fruchtkörper durch Holzspalten sichtbar werden.

15.
Welche der aufgeführten Pilzarten befallen verbautes Holz nicht: a) Kellerschwamm, b) Blättling, c) Wurzelschwamm, d) Hausschwamm, e) Kiefernbaumschwamm?

Der Wurzel- und der Kiefernbaumschwamm.

16.
Welcher Pilz befällt im Außen- wie Innenbereich vorzugsweise Nadelholz?

Der weiße Porenschwamm.

1.6.2 Insekten

17.
Welche Insektenschädlinge können im Forst auftreten?

Borkenkäfer, Holzwespe.

18.
Welche Insekten befallen das verarbeitete Holz?

Hausbock, Nagekäfer (Klopf- und Pochkäfer), Parkett- und der braune Splintholzkäfer.

19.
Welche Entwicklungsstufen durchläuft ein Hausbockkäfer?

Ei – Larve – Puppe – (Voll-) Käfer.

20.
Welche Entwicklungsstufe des Käfers schädigt das Holz?

Die Larve.

21.
Wodurch schädigt die Larve das Holz?

Die Larve ernährt sich vom Eiweiß der Zellwände. Da die Zellwände nur einen geringen Eiweißgehalt besitzen, muß die Larve viel davon fressen und entsprechend zerstören. Dies zerstört das Zellgefüge und damit die Festigkeit des Holzes.

***22.**
Worin besteht der Unterschied zwischen technischer und physikalischer Zerstörung?

Bei der technischen Zerstörung wird durch den Abbau des Eiweißes in den Zellen die Festigkeit des Holzes zerstört. Bei der physikalischen Zerstörung unterbrechen Fraßgänge in der Bast- und Kambiumschicht die Nahrungsversorgung, wodurch das Wachstum des Baumes gehemmt wird.

***23.**
An älteren Bauwerken besteht der Dachstuhl zuweilen noch aus Eichenholz. Muß das Holz vor dem Hausbockbefall geschützt werden?

Nein. Der Hausbock befällt nur Nadelholz.

24.
Kann man den Hausbockbefall von außen erkennen?

Nein. Es muß eine Klopfprobe gemacht werden, weil die Larven bis zu 6 Jahren brauchen, um unter der Oberfläche zu wirken. Erst der Vollkäfer schafft sich ein Schlupfloch, um auszufliegen. Ein dumpfer, hohler Klang macht auf den Befall aufmerksam. Durch Abbeilen kann man die Fraßgänge freilegen.

***25.**
Wenn in einem neu eingebauten Dachstuhl aus Nadelholz nach einem Jahr vermeintliche Ausfluglöcher festgestellt werden, kann es sich hierbei dann um einen Hausbockbefall handeln?

In der Regel nicht. Denn der Hausbock benötigt ja für seine Entwicklung bis zum fertigen Käfer zwischen 3 und 6 Jahre.

26.
Welches Holz befällt der Parkettkäfer?

Er gehört zu den Splintholzkäfern und befällt vorzugsweise den Splint von Laubholz, Limba und Abachi. Dabei genügt ihm eine geringe Holzfeuchte im verbauten Holz, wie es das Parkettholz hat (8–10 %).

27.
Warum ist der Parkettkäfer so schwer auszumachen?

Er verstopft seine Fraßgänge mit feinstem Fraßmehl.

28.
Woran erkennt man den Befall durch Pochkäfer?

An den 1–2 mm großen Bohrlöchern und an ausgeworfenen Bohrmehlhäufchen.

***29.**
Warum befällt der Pochkäfer vor allem alte Möbel und solche, die sich in Bauten mit Natursteinmauern befinden?

In zentralbeheizten Räumen herrscht i. d. R. eine Temperatur um 20 °C und eine relative Luftfeuchtigkeit um 50 %; in den Wintermonaten sind diese Werte sogar noch niedriger. Der Pochkäfer etnwickelt sich aber in Räumen mit hoher Luftfeuchtigkeit am besten. Diese räumlichen Klimaverhältnisse gab es in früheren Zeiten häufiger; zudem muß man berücksichtigen, daß oft nicht alle Zimmer gleichzeitig beheizt wurden und somit die relative Luftfeuchtigkeit in diesen Räumen höher war. Solche Klimaverhältnisse sind heute vorzugsweise in nichtbeheizten Räumen von Altbauten, in Versammlungsräumen, Kirchen, Museen und in Raumzonen vorzufinden, die kühler und feuchter sind.

***30.**
Warum kommt es häufig vor, daß nur der untere Bereich der Möbel vom Pochkäfer befallen wurden?
Wenn der Fußboden zu feucht aufgewischt wurde, kann das Wasser über das Hirnholz den unteren Bereich der Möbel dauerhaft durchfeuchten.

1.6.3 Holzschutzmaßnahmen

31.
Nach welchen Gesichtspunkten werden Holzschutzmaßnahmen eingeteilt?
Grundsätzlich gibt es vorbeugende und bekämpfende (= Sanierungs-) Maßnahmen sowie Brandschutzmaßnahmen, die immer vorbeugend sind.

32.
Welche vorbeugende Maßnahmen gibt es?
Zu den vorbeugenden Holzschutzmaßnahmen zählen:
- der konstruktive Holzschutz,
- der chemische Holzschutz,
- der Brandschutz.

Der chemische Holzschutz kann mit salzhaltigen, wasserlöslichen oder mit lösungsmittelhaltigen Mitteln oder mit Teerölprodukten erfolgen.

33.
Bei welchem Holzfeuchtegehalt empfiehlt sich die Verwendung von salzhaltigen Holzschutzmitteln?

Wenn der Feuchtegehalt des Holzes u $\geqslant$ 20 % beträgt. Dies ist i. d. R. bei Bauholz der Fall und betrifft insbesondere Zimmererarbeiten.

34.
Unter welchen Voraussetzungen können lösungsmittelhaltige Holzschutzmittel verwendet werden?

Lösungsmittelhaltige Holzschutzmittel können nur bei einem Feuchtegehalt des Holzes u $\leqslant$ 20 % verwendet werden.

35.
Darf vorübergehend naß gewordenes Holz mit öligen Holzschutzmitteln behandelt werden?

Nein, es muß erst wieder trocknen.

36.
Welche konstruktiven Maßnahmen wirken vorbeugend gegen einen Pilz- und Insektenbefall?

Vorbeugend wirkt die Verwendung von Kernholz. Die im Kernholz enthaltenen Ablagerungsstoffe wirken pilz- und insektenwidrig. Umgekehrt bietet Splintholz wegen der Saftführung einen guten Nährboden für die Schädlinge. Die DIN 68 360 (Holz für Tischlerarbeiten) verbietet deshalb ausdrücklich die Verwendung von Eichen-Splintholz.

Weiterhin gelten als konstruktive Holzschutzmaßnahmen alle Maßnahmen, die das Holz unter 20 % Feuchtigkeit halten wie:

- schnelle Wasserableitung durch Schrägen,
- Tropfnasen an Fensterflügel und Wetterschenkel,
- genügend Abstand vom Erdreich (30–50 cm),
- Zurücksetzen der Türen und Fenster von der Fassade, um sie den Witterungseinflüssen fern zu halten,
- Abrundung der Konstruktionskanten, um dadurch einen höheren und haftenderen Auftrag von Überzugsmitteln zu gewährleisten,

– senkrechte Anordnung von Nut- und Federkonstruktionen. Wo es architektonisch nicht gewollt ist, ist die Nut oben liegend anzuordnen.

Darüber hinaus verhindern Hinterlüftungen die Kondenswasserbildung in Holzkonstruktionen.

37.
Wann müssen im Innenbereich chemische Holzschutzmaßnahmen ergriffen werden?

Diese Frage regelt DIN 68 800, Teil 3. Hierin wird grundsätzlich zwischen tragenden und nichttragenden Bauteilen unterschieden. Alle tragenden und aussteifenden Bauteile müssen mit einem chemischen Holzschutz versehen werden.

38.
Mit welchen Prüfzeichen müssen Holzschutzmittel versehen sein, die vorbeugend gegen Pilz- und Insektenbefall wirksam sind?

Mit dem Aufdruck: P, Iv.

39.
Welche Prüfzeichen muß ein öliges Holzschutzmittel für bekämpfende Maßnahmen besitzen?

P, Ib, S.

40.
Welche bekämpfenden Holzschutzmaßnahmen gibt es?

Es gibt:

– die Injeketion mit einer Spritze,
– die Bohrlochtränkung, bei der das bekämpfende Mittel am besten unter Druck eingebracht wird,
– die Vergasung mit hochgiftigen Mitteln, deren Anwendung nur geeigneten Fachbetrieben vorbehalten ist,
– das Heißluftverfahren, bei dem die Holztemperatur auf 50 °C erhöht wird. (Die Raumtemperatur liegt weit höher!)

41.
Welche handwerklichen Verarbeitungsmethoden gibt es?

Als handwerkliche Methoden eignen sich ein zweimaliges Tauchen oder Spritzen. Beim Tauchen empfiehlt es sich, das

Holz abtrocknen zu lassen und wiederholt zu tauchen, anstatt es länger im Tauchbad zu lassen.

42.
Welche industrielle Verfahren erzielen eine Tiefenwirkung?

Das sind die Trogtränkung, das Sprühtunnelverfahren und die Kesseldrucktränkung.

43.
Warum kann beim handwerklichen Verfahren ein zusätzlicher Holzschutzauftrag notwendig sein?

Durch ein Nachtrocknen des Holzes kann es zur Rißbildung kommen. Die Risse können tiefer als die Wirkung des Holzschutzmittels sein, die bei den handwerklichen Verfahren auf höchstens 10 mm beschränkt ist.

44.
Welche Schutzmaßnahmen sind bei der Verarbeitung von chemischen Holzschutzmitteln zu beachten?

- Gebindeaufschriften und technische Hinweise müssen beachtet werden.
- Kein Schutzmittel darf an offene Wunden gelangen.
- Während der Verarbeitung nicht essen, trinken oder rauchen.
- Gummihandschuhe tragen, die auch einen Teil des Armes abdecken.
- Holzschutzmittel dürfen nicht auf Pflanzen oder in Grund- oder Oberflächenwasser gelangen.
- Abfälle (auch durchtränkte Holzabfälle) sind als Sondermüll zu behandeln.
- Bei Überkopfarbeiten soll die Konstruktion allseitig, die Sichtseite nach der Endmontage behandelt werden. Dadurch können Beschädigungen während der Montage vermindert werden.

1.7 Holz als Handelsware

1.7.1 Rohholz

1.
Wie heißen die einzelnen Stammabschnitte?

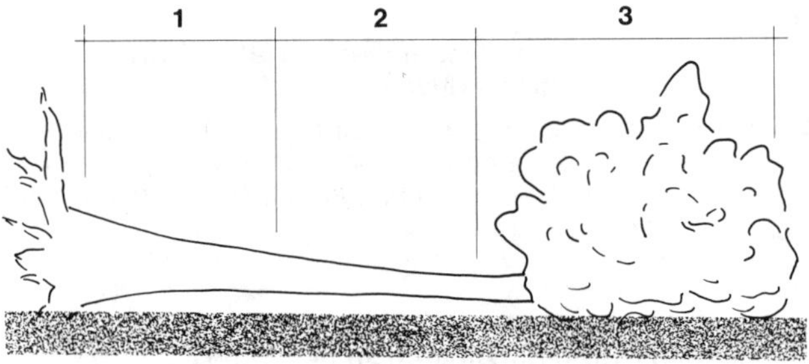

1) Erdstamm 2) Mittelstamm 3) Zopfende

2.
Wie wird Rohholz sortiert?

Es wird nach Stärke, Güte und Verwendungszweck sortiert.

3.
Nach welcher Stärke wird das Rohholz unterschieden?

Es wird unterschieden nach:
Langholz: Stämme und Stangen,
Schichtholz: 1–2 m lange Rundholzabschnitte.

4.
Wie wird Langholz sortiert?

Nach Mittenstärke-, Heilbronner- oder Stangensortierung.

5.
Wie wird die Heilbronner Sortierung durchgeführt?

Das Rohholz wird auf ganze Meter abgelängt und in Stärkeklassen von H0 bis H6 eingeteilt. Die einzelnen Stärkeklassen sind von einer Mindestlänge und einem Mindestdurchmesser abgängig.

6.
Für welche Holzarten wird die Heilbronner Sortierung angewendet?

Für Fichte, Tanne und Douglasie.

7.
Wie wird die Mittenstärkesortierung durchgeführt?

Das Stammholz wird auf ganze dm abgelängt und in Stärkeklassen von L0 bis L6 eingeteilt. Die Stärkeklassen sind vom Mittendurchmesser (ohne Rinde gemessen) abhängig.

8.
Wie wird die Stangensortierung durchgeführt?

Bei dieser Sortierung wird das Rohholz nach dem Durchmesser eingeteilt. Dieser wird mit Rinde im Abstand von 1 m am stärkeren Ende festgestellt.

9.
Wie wird Rohholz aufgemessen und abgerechnet?

Bei Stammholz wird die reine Holzmasse ermittelt und das Ergebnis als Festmeter in m^3 angegeben. Bei Schichtholz werden Raummeter ermittelt. Dabei werden die im Stapel auftretenden Hohlräume übermessen. Die Angabe erfolgt ebenfalls in m^3.

10.
Wie wird Langholz aufgemessen?

Die Länge wird von der Mitte der Fällkerbe gemessen und die ermittelte Länge auf ganze dm nach unten abgerundet. Den Durchmesser ermittelt man mit einer Kluppe (Meßschieber). Bei Stämmen über 20 cm Dicke wird in halber Stammlänge die Kluppe zweimal rechtwinklig zueinander angesetzt und die zwei Meßergebnisse danach gemittelt. Dabei ist darauf zu achten, daß die Rinde entfernt und das gemittelte Ergebnis auf ganze cm nach unten abgerundet wird. Bei der Mittenstärkensortierung und der Heilbronner Sortierung ist ein Übermaß von 1 % zuzugeben.

11.
Wie wird Langholz unter 20 cm Durchmesser abgerechnet?

Der Mittendurchmesser wird in der Stammitte ohne Rinde durch einmaliges Kluppen ermittelt; sonst wird wie oben beschrieben verfahren.

12.
Wie lauten die Güteklassen des Rohholzes?

Sie lauten A, B, C und D.

13.
Welche Qualitäten müssen die einzelnen Güteklassen aufweisen?

A: gesundes fehlerfreies Holz,

B: normale Qualität mit einigen gesunden Ästen, geringer Abholzigkeit, schwachem Drehwuchs und anderen kleineren Fehlern,

C: stark astiges, abholziges und drehwüchsiges Holz, welches sich nicht in die obere Güteklasse einordnen läßt,

D: hoher Fehler- und Pilzanteil, aber noch mindestens 40 % gewerblich nutzbar.

14.
Wie ist die Abholzigkeit definiert?

Im Prinzip ist jeder Baum abholzig. Für die Güteklasse A gilt als normal abholzig ein Stamm, der bei Nadelholz bis 1 cm/m Durchmesserdifferenz aufweist, bei Laubholz bis 2 cm/m. Für Güteklasse B gilt bei Nadelholz 1–2 cm/m und bei Laubholz 2–3 cm/m Abholzigkeit als normal.

15.
Um welche Güteklassen handelt es sich, wenn überhaupt keine Angaben am Stammquerschnitt gemacht worden ist?

Um Güteklasse B. Diese Güteklasse kommt so häufig vor, daß man sie nicht extra auszeichnet.

1.7.2 Schnittholz

16.
Wie wird Schnittholz gehandelt?

Schnittholz wird gehandelt als:

- Bauschnittholz: Balken, Kanthölzer und Dachlatten
- Werkholz: Bretter und Bohlen
- Halbfertigprodukte: Fußleisten, Profilbretter, Fasebretter, Stülpschalungsbretter, Fußleisten, Profilbretter mit Schattennut, Akustikbretter, Balkonbretter.

17.
Aus welchem Stammabschnitt wird die für den Tischler wichtige Blockware eingeschnitten?

Aus dem Erdstamm.

18.
Welche Brettarten fallen bei einem Vollgatterschnitt an?

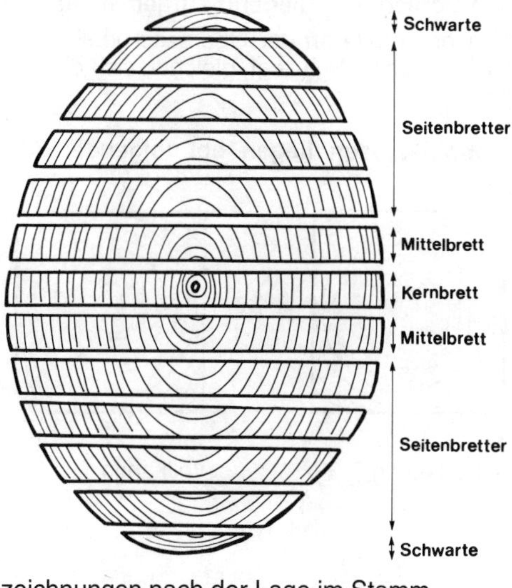

Brettbezeichnungen nach der Lage im Stamm.

19.
Wie unterscheiden sich Bretter von Bohlen in der Dicke?

Bretter sind unter, Bohlen über 40 mm dick.

20.
Wie wird Schnittholz aufgemessen?

Die Dicke: 150 mm vom Hirnende

Die Länge, falls nicht rechtwinklig: kürzester Abstand von beiden Enden.

Die Breite bei

a) parallel besäumten Brettern:	150 mm vom Rand entfernt
b) konisch besäumten Brettern:	in der Mitte
c) unbesäumten Brettern:	in der Mitte der schmalen Seite
d) Bohlen:	in der Mitte wird der Mittelwert zwischen oberer und unterer Breite ermittelt.

21.
Wie werden Bohlen blockliegend aufgemessen?

Die Bohlen werden alle an der Oberseite gemessen. Da die untere Hälfte spiegelbildlich liegt, gleichen sich die Maße aus.

22.
Welche Schnittklassen liegen bei folgender Abbildung vor?

1) S
scharfkantig

2) A
vollkantig

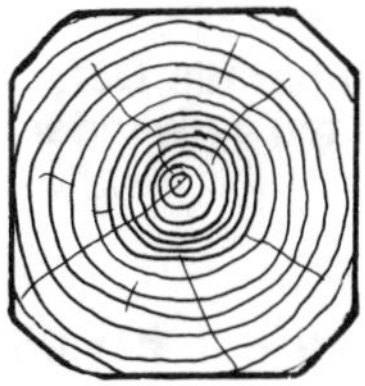

3) B
fehlkantig

4) C
sägegestreift

23.
Welche Güteklassen gibt es bei Bauschnittholz?

Es gibt drei Klassen I, II und III. Sie unterscheiden die Tragfähigkeit von hoch bis gering und sind abhängig von der Geradlinigkeit, der Asthaltigkeit und dem Drehwuchs des Holzes.

24.
Welcher Zusammenhang besteht bei Bauschnittholz zwischen der Schnitt- und der Güteklasse?

Die Schnittklasse sagt zunächst nichts über die Tragfähigkeit des Holzes aus. Die Güteklasse unterscheidet Bauschnitthölzer von besonders hoher (Klasse I) bis zu geringer Tragfähigkeit (Klasse III). Sie fordert allerdings eine Mindestschnittklasse für jede Güteklasse, für die Güteklasse I z. B. die Schnittklasse A.

25.
Welche Abmessungen müssen Kanthölzer aufweisen?

Einen quadratischen oder rechteckigen Querschnitt von mindestens 6 cm und weniger als 20 cm Seitenlänge.

26.
Welche Abmessungen müssen Balken aufweisen?

Eine Seite muß mindestens 20 cm breit sein.

27.
Welche Abmessungen haben Dachlatten?

24/28, 30/50 und 40/60 mm.

28.
Welche DIN-Norm gibt Auskunft über die Gütebedingungen für Holz, das für Tischlerarbeiten verwendet wird?

DIN 68 360.

29.
Welche Anwendungsbereiche werden in der DIN 68 360 unterschieden?

Güteanforderungen für Holz, das für Tischlerarbeiten im Außenbereich und im Innenbereich verwendet wird.

30.
Nennen Sie einige Merkmale, die Tischlerholz im Innenbereich nicht aufweisen darf, wenn es nichtdeckend gestrichen wird!

Bläue an sichtbaren Flächen, Flügeläste, dunkle Äste an sichtbaren Stellen, verleimte Astlochdübel Ø $\geqslant$ 25 cm, Kettendübelungen.

1.8 Holzfehler

1.
Welche fehlerhaften Stammformen gibt es?

Abholzige Stämme, Krummschäftigkeit, Zwieselung, Gabelwuchs, Drehwuchs, Maserwuchs, exzentrischer Wuchs, Spannrückigkeit.

2.
Welche fehlerhafte Stammform kann nicht zu Schnittware verarbeitet werden?

Drehwuchs, denn die Schnittware würde windschief.

3.
Welche Wuchsfehler wirken dekorativ auf den Faserverlauf?

Der Wimmerwuchs, der nur bei Laubhölzern vorkommt, wirkt als polierte Fläche sehr dekorativ.

Der Maserwuchs von einigen Holzarten wie Bruyers, Nußbaum, Esche, Ulme u.a. wird als Maserfurnier verarbeitet und für dekorative Arbeiten sehr geschätzt.

4.
Was sind Mondringe?

Als Mondring bezeichnet man eine sichel- oder ringförmige Zone im Kernholzbereich des Eichenstammes. Er ist hell wie Splintholz und besitzt keine oder nur wenig Gerbsäure.

5.
Von welcher Krankheit wird frisch eingeschnittenes Kiefernholz häufig befallen?

Vom Bläuepilz, wenn es nicht luftig genug gestapelt wird.

6.
Nennen Sie die wichtigsten Pilze, die verbautes Holz befallen!

Hierzu gehören der echte Hausschwamm, der weiße Porenschwamm, der Blättling und der Kellerschwamm.

7.
Welche Voraussetzung begünstigt einen Pilzbefall des Holzes?

Eine hohe Holzfeuchtigkeit.

2 Furniere und Plattenwerkstoffe

2.1 Furniere

1.
Welche Furniere unterscheidet man nach ihrer Herstellung?

Messerfurniere, Schälfurniere und Sägefurniere.

2.
Welche Furnierarten unterscheidet man nach dem Verwendungszweck?

Deckfurniere, Unterfurniere und Absperrfurniere.

3.
Was sind Blindfurniere?

Blindfurniere sind Unterfurniere, die direkt unter dem Deckfurnier zur Verbesserung der Oberfläche angeordnet werden.

4.
Wie werden Schälfurniere hergestellt?

Der gedämpfte Stamm wird fest eingespannt und rotiert. Eine Schälmaschine trennt das endlos verlaufende Furnier ab.

5.
Welche Schälverfahren gibt es?

Das Rund-Endlosschälen, das Rundschälen „Blatt für Blatt“, das exzentrische Schälen und das Stay-Log-Schälen.

6.
Welche Vorteile hat das Stay-Log-Verfahren?

Dieses Verfahren ermöglicht einen größeren Schälradius und eine bessere Holzausnutzung. Aus kleinen Stammdurchmessern kann man mit diesem Verfahren größere Furnierbreiten erzielen.

7.
Welche Vor- und Nachteile hat das Schälverfahren?

Vorteile: Schnelle und preiswerte Herstellung bei geringem Verschnitt.

Nachteile: Abweichungen vom natürlichen Farbton durch den Dämpfvorgang, kleine Haarrisse an der Unterseite des Furniers. Die Maserung ist i. d. R. wenig dekorativ. Eine Ausnahme bildet das Furnier vom Vogelaugenahorn.

8.
Wozu werden Furniere, die nach dem Endlos-Schälverfahren hergestellt wurden, vorzugsweise verwendet?

Sie werden für die Furniersperrholzherstellung und als Absperrfurniere verwendet.

9.
Wie werden Messerfurniere hergestellt?

Die zugerichteten Stammabschnitte werden aufgespannt. Messermaschinen zerlegen in waagrechter oder senkrechter Richtung die Stammabschnitte in einzelne Furnierblätter. Je nach Schnittrichtung werden dabei unterschiedliche Furnierbilder erzeugt.

10.
Warum werden die Stämme vor dem Schälen oder Messern gedämpft?

Das Zellgefüge wird dadurch weicher, die Rißgefahr beim Schneiden verringert.

11.
Welche Einspannarten gibt es bei der Messerfurnierherstellung?

Das Flachmessern, das Echt-Quartier-Messern, das Flach-Quartier-Messern und das Faux-Quartier-Messern.

12.
Welche Maserungen werden durch die einzelnen Einspannarten bei der Messerfurnierherstellung erzeugt?

Flachmessern:	verschiedene Maserungen, vergleichbar mit der Maserstruktur bei der Blockware

Echt-Quartier-Messern: Streifenmaserung
Flach-Quartier-Messern: Fladermaserung
Faux-Quartier-Messern: halb gefladerte Maserung

13.
Welche Vor- und Nachteile haben Messerfurniere?

Vorteile: geringer Verschnitt und natürliche Maserung.

Nachteile: Farbänderungen und feine Haarrisse an der Unterseite der Furniere möglich, die beim Stürzen nicht aufgeleimt werden können und Beiztonabweichungen hervorrufen.

14.
Wie werden Sägefurniere hergestellt?

Sägefurniere werden mit einer Furniergattersäge gesägt, ohne den Stamm vorher zu dämpfen.

15.
Welche Vor- und Nachteile haben Sägefurniere?

Vorteile: Die Furniere sind im Vergleich zu den anderen Furnierarten erheblich dicker und damit beanspruchbarer. Während die Dicken bei den anderen Furnierarten zwischen 0,5 und 1,0 mm liegen, werden Sägefurniere in Dicken von meist mehr als 1,5 mm hergestellt. Die Furniere behalten ihre natürliche Farbe und Textur, weil die Stämme nicht gedämpft werden. Risse entstehen bei der Herstellung nicht.

Nachteile: Der große Schnittverlust führt zu hohen Preisen.

16.
Wozu werden Sägefurniere verwendet?

Für beanspruchte und hohen Luftfeuchtigkeiten ausgesetzte Werkstücke wie z. B. Haustüren, aber auch Arbeitsflächen, Theken u. a. Sie werden ebenfalls in der Möbelrestaurierung benötigt.

17.
Aus welchen Holzarten werden vorzugsweise Sägefurniere hergestellt?

Aus Eben- und Rosenholz wegen der hohen Rohdichte, aus der Zirbelkiefer zur Erhaltung der natürlichen Astigkeit und aus Riegelahorn, um die Zeichnung zu erhalten.

19.
Wie werden runde Furniere (Radialfurniere) hergestellt?

Radialfurniere werden nach dem Prinzip eines Bleistiftspitzers geschält

***20.**
Was sind Fineline-Furniere?

Fineline-Furniere sind ausgesuchte, fehlerfreie Furniere, die zunächst zu einem Furnierblock verleimt werden. Danach werden senkrecht zu den Furnierfugen etwa 0,7 mm dicke Furniere gemessert, die durch die Anordnung abwechselnder Farbtöne bei den Furnierblättern eine kontrastreiche Streifenstruktur hervorbringen.

21.
In welcher Stückzahl werden Messerfurniere gehandelt?

I. d. R. in Stückzahlen, die durch 4 teilbar sind.

22.
Bei welchem Feuchtegehalt werden die Furnierdicken gemessen?

Bei einem Feuchtegehalt zwischen 11 und 13 %.

23.
Welchen Feuchtegehalt sollen Furnierblätter bei der Lagerung aufweisen?

Sie sollen einen Feuchtegehalt zwischen 10 und 12 % aufweisen.

24.
Wie werden Furniere fachgerecht gelagert?

In mäßig warmen und mäßig trockenen Räumen. Abdeckungen, am besten aus natürlichen Materialien, schützen vor direktem Lichteinfall und Staub.

25.
Wie werden Maserfurniere gelagert?

Zwischen Holzwerkstoffplatten, damit sie nicht wellig werden.

26.
Worauf ist bei der Auswahl der Furniere zu achten?

Um ein gleichmäßiges Furnierbild zu erhalten, soll man Furnierblätter aus dem gleichen Stamm auswählen und dabei die Reihenfolge berücksichtigen. Wuchsfehler, Äste und Stockflecken sind auszubessern. An den Rändern ist zu überprüfen, ob die Furnierblätter vermessert sind.

27.
Wie kann man wellige Maser- oder Wurzelfurniere wieder glätten?

Die angefeuchteten Furniere werden bei geringem Druck und erhöhter Temperatur zwischen zwei Beilagen gepreßt.

28.
Wie können Druckstellen im Furnier ausgebessert werden?

Man feuchtet die Stelle an und fährt mit einem heißen Bügeleisen unter Verwendung einer Trennschicht darüber.

29.
Welche handwerklichen Hilfsmittel erleichtern das Zusammensetzen der Furnierblätter?

Fugenklebstreifen, die von Hand oder maschinell aufgeklebt werden.

30.
Welche Nachteile können Fugenklebstreifen für die weitere Verarbeitung haben?

Sie können an den Klebestellen zu Fehlleimungen führen, bei sichtbarer Anordnung sich schwer wegschleifen lassen und den Beizton verändern.

31.
Warum eignen sich Klebestreifen, wie sie im Haushalt verwendet werden, nicht für die Fugenverklebung?

Sie sind nicht säurefrei.

32.
Welche Maschine erleichtert das Zusammenlegen der Furnierblätter?

Die Fugenheftmaschine. Im Längsdurchlauf legt die Maschine einen Polyamidfaden in einer Zick-Zack-Linie über die Fugen.

33.
Wie kann man verhindern, daß sich die Furnierfugen bei hochgläzenden Oberflächen abzeichnen?

Durch ein zusätzliches Verleimen der Furnierfugen in der Breite.

34.
Was wird in der Furniertechnik als Stürzen bezeichnet?

Klappt man aus einem Furnierpaket eines der aufeinanderfolgenden Furnierblätter um, so erzielt man eine einfache Stürzung in Längs- oder Querrichtung. Klappt man jedes zweite von vier Furnierblättern um ihre Quer- oder Längsfuge, so erzielt man eine doppelte Stürzung mit einer Kreuzfuge.

35.
In welchem Zustand müssen die Trägerplatten des Furniers sein, um eine einwandfreie Verleimung zu gewährleisten?

Sie müssen auf beiden Seiten eben, fett- und staubfrei sein. Äste sind zu ersetzen, weil die Leimfuge an dieser Stelle „verhungern“ kann.

36.
Womit können die Kanten an den Trägerplatten geschützt werden?

Die Kanten können durch Vollholzeinleimer, die vor dem Furnieren aufgebracht werden, durch Vollholzumleimer, die nach dem Furnieren angebracht werden, und durch Furnierkanten geschützt werden.

37.
Warum soll die Dicke der Einleimer mit ca. 5 mm relativ klein gehalten werden?

Die Vollholzeinleimer können sich nach dem Furnieren verziehen und auf der Oberfläche abzeichnen, was bei hochglanzpolierten Flächen noch auffallender wirkt.

2.2 Holzwerkstoffe

1.
Was sind Holzwerkstoffe?

Holzwerkstoffe werden aus Furnieren, Holzspänen oder -fasern unter Zugabe von Kunstharzen oder mineralischen Bindemitteln zu überwiegend plattenförmigen Produkten hergestellt.

2.
In welche Gruppen werden Holzwerkstoffe unterteilt?

Sie werden in Lagenhölzer, Verbundplatten, Holzspanplatten und Holzfaserplatten unterteilt.

3.
Nennen Sie die gebräuchlichsten Verbundplatten!

Die normgerechte Bezeichnung der 3 wichtigsten Gruppen lautet: Parkett-Verbundplatten, Stab- und Stäbchensperrholzplatten. Die beiden letztgenannten werden auch als Tischlerplatten bezeichnet.

4.
Wie sind Furniersperrholzplatten aufgebaut?

Sie werden aus mindestens 3 aufeinandergeleimten Holzlagen (Schälfurniere) hergestellt. Die Faserrichtungen sind jeweils um 90 ° versetzt.

5.
Was sind Multiplexplatten?

Das sind Furniersperrholzplatten von mindestens 12 mm Dicke und mindestens 5 Furnierlagen.

6.
Wie sind Stabsperrholzplatten aufgebaut?

Auf eine untereinander verleimte Holzleistenmittellage (Leistenbreite zwischen 24 und 30 mm) werden quer zum Maserverlauf beidseitig Schälfurniere aufgeleimt.

7.
Wie sind Stäbchensperrholzplatten aufgebaut?

Auf hochkant zur Plattenebene ausgerichtete Schälfurnierstäbchen (d < 8 mm) werden quer zum Maserverlauf Schälfurniere aufgeleimt.

8.
Welcher Unterschied besteht zwischen Schicht- und Sperrholzplatten?

Beide Plattenarten zählen zu den Sperrhölzern. Bei Schichtholzplatten (oder Formteilen) haben die einzelnen Furnierlagen im Gegensatz zu den Furniersperrholzplatten keinen kreuzweisen, sondern einen gleichgerichteten Faserverlauf. Der duroplastische Klebstoff ermöglicht eine hohe Festigkeit und Elastizität bei gebogenen und gekrümmten Werkstücken.

9.
Was bedeutet der Begriff „Absperren"?

Bei der Sperrholzplattenherstellung bedeutet es die kreuzweise Verleimung um eine Mittellage. Durch diesen symmetrischen Aufbau wird das Schwundverhalten der einzelnen Lagen behindert und ein größeres Stehvermögen der Platte gegenüber dem Vollholz erzielt.

10.
Welche Verleimungsqualitäten gibt es für Furniersperrholzplatten?

IF: nicht wetterbeständig

AW: bedingt wetterbeständig

11.
Was bedeuten die einzelnen Angaben des folgenden Stempelaufdruckes auf einer Holzwerkstoffplatte?

Bsp.: DIN 68 705 FU – AW – 1 – 3 – 18

DIN 68 705: DIN-Norm für die Güteüberwachung bei der Herstellung

FU: Kurzzeichen für Furniersperrholzplatte

AW: Verleimqualität, hier: bedingt wetterfest

1 – 3: 1 = beste, 3 = schlechteste Güteklasse der Deckfurniere

18: Angabe der Dicke in mm

12.
Was bedeuten die einzelnen Angaben des folgenden Stempelaufdruckes auf einer Tischlerplatte?

Bsp.: DIN 68 705 ST – IF 1 – 2 – 13

DIN 68 705: DIN-Norm

ST: Kurzzeichen für Stabsperrholzplatte

IF: Verleimungsqualität, hier: nicht wetterbeständig

1 – 2: beste und mittlere Güteklassen der Absperrfurniere

13: Angabe der Dicke in mm

13.
In welcher Reihenfolge sind z. B. bei einer Bestellung die Abmessungen von Sperrholzplatten anzugeben?

In der Reihenfolge: Dicke – Länge – Breite.

14.
In welcher Richtung wird die Länge gemessen?

Immer in Faserrichtung des Deck- bzw. Absperrfurniers. Deshalb kann es vorkommen, daß Sperrholzplatten breiter als lang sein können.

15.
Woraus bestehen Holzspanplatten?

Industrieholz und Industrierestholz wird zu Spänen verarbeitet und überwiegend mit Harnstoffharz, aber auch Melamin- oder Phenolharz vermischt und zu Platten gepreßt.

16.
Wie sind Flachpreßplatten aufgebaut?

Die meisten Flachpreßplatten sind dreischichtig aufgebaut. Um eine grobe Mittelschicht folgen feine Außenschichten. Daneben werden auch einschichtige, mehrschichtige und Flachpreßplatten mit einer besonders feinen Deckschicht hergestellt.

17.
Welches Kurzzeichen haben a) Flachpreßplatten und b) Flachpreßplatten mit einer feinspanigen Oberfläche?

a) FPY b) FPO

18.
Worin besteht der Unterschied im Aufbau zwischen einer Flach- und einer Strangpreßplatte?

Bei der Flachpreßplatte liegen die Späne parallel zur Plattenebene, bei der Strangpreßplatte stehen sie senkrecht dazu.

19.
Um welchen Spanplattentyp handel es sich bei folgenden Kurzzeichen:

a) FPY b) FPO c) V20 d) V100 e) V100 G f) LF
g) LR h) LRD i) LMD j) SV k) SR l) KF?

a) Flachpreßplatte, Standardausführung,

b) Flachpreßplatte mit feinspaniger Oberfläche,

c) Bauflachpreßplatte (Fußbodenverlegeplatte), geeignet für trockene Räume,

d) wie vor, jedoch für feuchte Räume geeignet,

e) wie vor, jedoch zusätzlich mit einem Holzschutzmittel gegen Pilze versehen (G = geschützt gegen Pilze),

f) leichte Flachpreßplatte mit höherer Schallabsorbtion,

g) Strangpreßröhrenplatte mit geschlossener Oberfläche,

h) wie vor, jedoch mit durchbrochener Oberfläche und höherer Schallabsorbtion,

i) Strangpreßvollplatte mit durchbrochener Oberfläche und höherer Schallabsorbtion,

j) Bau-Strangpreßvollplatte, sonst wie V20,

k) Bau-Strangpreßröhrenplatte, sonst wie V20,

l) kunststoffbeschichtete, dekorative Flachpreßplatte, im Handel als Dekorplatte bezeichnet.

20.
Für welchen Anwendungsbereich sind die aufgeführten Spanplatten besonders geeignet?

a) Standard-Flachpreßplatte für den Möbel- und Innenausbau,

b) wie vor, jedoch ist die Oberfläche zur direkten Lackierung, Folienkaschierung oder Preßbeschichtung geeignet,

c) Fußbodenverlegeplatte für trockene Räume, mit Nut und Feder versehen. Wegen der geringeren Feuchtebeständigkeit wird i. d. R. die V100-Platte (d) verwendet,

d) wie vor, jedoch für feuchte Räume geeignet,

e) wie vor, jedoch zusätzlich gegen Pilze geschützt,

f) Akustikplatte, Paneele, Bekleidungsplatten,

g) Türblätter,

h) Akustikplatte,

i) Akustikplatte,

j) Verwendung im Bauwesen,

k) Verwendung im Bauwesen,

l) Möbel- und Innenausbau.

21.
Worüber gibt die Emissionsklasse Auskunft, z. B. E1 bei Spanplatten (und anderen Holzwerkstoffplatten)

Die Emissionsklasse gibt Auskunft über die Abgabe des gesundheitsgefährdenden Formaldehyds. Sie darf bei allen Holzwerkstoffplatten, vor allem bei Spanplatten, höchstens 0,1 ppm betragen. D. h., die Formaldehydkonzentration in der Raumluft darf höchstens $^{1}/_{10}$ cm^3 pro 1 m^3 Raumluft betragen (ppm = parts per million oder 1 Teil Formaldehyd pro einer Million Luftteile).

22.
Welche Emissionsklasse ist für Spanplatten und andere Holzwerkstoffplatten zulässig?

Die Emissionsklasse E1.

23.
Gibt es auch formaldehydfreie Spanplatten?

Wegen der breiten Diskussion in der Bevölkerung und des verbreiteten Umweltbewußtseins beim Verbraucher bieten die großen Spanplattenhersteller formaldehydfreie Spanplatten an. Sie sind als sogenannte “F-0-Platten“ im Handel.

24.
Was bedeuten die einzelnen Angaben des folgenden Stempelaufdruckes auf einer Spanplatte?

Bsp.: Firmenbezeichnung DIN 68 761 – FPY – 16 x 5200 x 2070 – H – E1

DIN 68 761:	DIN-Norm für die Güteüberwachung
FPY:	Flachpreßplatte der Standardausführung
16:	Dicke in mm
5200:	Länge in mm
2070:	Breite in mm
H:	Holzspäne
E1:	Emissionsklasse 1 (betrifft die Formaldehydabgabe)

25.
Welche mechanische Belastungen verträgt die Spanplatte nicht gut?

Eine Beanspruchung auf Biegung, wie zum Beispiel als Fachboden in Bücherregalen. Die Biegefestigkeit ist zwar relativ gut, doch wegen der geringen Elastizität gehen Verformungen nicht mehr zurück. Die Querzugfestigkeit ist sehr gering. Deshalb dürfen Spanplatten an den Kanten nicht genagelt oder geschraubt werden.

26.
Welche Schrauben eignen sich besonders für Spanplatten?

Sogenannte Spax-Schrauben. Durch ein Spezialgewinde wird die Spreizwirkung gegenüber der normalen Schraube und der Eindrehwiderstand verringert, der Ausrißwiderstand erhöht.

27.
Warum müssen Spanplattenkanten mit einem Kantenschutz versehen werden?

Auch an nicht sichtbaren Stellen, die aber feuchtegefährdet sind, wie z. B. Einbauten im Fußbodenbereich, sind die Kanten zu schützen. Die Dickenquellung der Spanplatte ist sehr beachtlich, sie geht vor allem auch nach anschließendem Austrocknen des durchfeuchteten Bereiches nicht mehr zurück wie beim Vollholz. Die Dickenquellung ist irreversibel.

28.
Welchen Vorteil haben Spanplatten als Furnierträger?

Beim Zuschnitt muß keine Verarbeitungsrichtung eingehalten werden. Das verringert den Verschnitt.

29.
Woraus bestehen Holzfaserplatten?

Im Gegensatz zu Spanplatten wird das Industrie- und Abfallholz nicht zu Spänen, sondern unter Dampfeinwirkung zu einem Faserbrei aufbereitet. Dieser wird mit Bindemitteln vermischt, unter Druck entwässert und zu Platten gepreßt. Dieser Vorgang wird auf Sieben ausgeführt. Deshalb sind die gängigen Holzfaserplatten nur einseitig glatt.

30.
Um welche Faserplattentypen handelt es sich bei folgenden Kurzzeichen:
a) HFD b) BPH c) HFH d) HFE e) KH f) MDF?

a) poröse Holzfaserplatte, auch als Faserdämmplatte bezeichnet,
b) Bitumen-Holzfaserplatte,
c) harte Holzfaserplatte,
d) Extrahartplatte,
e) kunststoffbeschichtete dekorative Hartfaserplatte,
f) mittelharte Faserplatte, früher als HFM-Platte bezeichnet, nun als Medium Density Fibreboard (MDF-Platte) im Handel.

31.
Für welchen Anwendungsbereich sind die aufgeführten Holzfaserplatten besonders geeignet?

a) als Wärme- und Schalldämmplatte, von Mineral- und Schaumstoffplatten aber zunehmend verdrängt,
b) wegen der wasserabweisenden Bitumenimprägnierung besonders für den Dachausbau und Unterböden geeignet,
c) Möbelbau, gebogene Formgebung möglich, bei hohen Rohdichten Einsatzmöglichkeiten zur Verbesserung der Schalldämmung,
d) durch ein Spezialverfahren ist das Quellvermögen der Platte deutlich herabgesetzt und erlaubt nun die Verwendung in hohen Feuchtebereichen, z. B. als Schalungszusatz für Sichtbetonflächen,
e) als Rückwände und Schubkastenböden im Möbelbau,
f) zunehmend als Alternative zu Spanplatten im Möbelbau.

***32.**
Warum werden zunehmend MDF-Platten als Alternative zu Spanplatten verwendet?

Der Kantenschutz kann bei MDF-Platten entfallen. Der Aufbau der Platte erlaubt eine Profilierung der Kanten und eine Direktlackierung.

33.
Eignen sich Hartfaserplatten für die Anwendung in Räumen mit hoher Luftfeuchtigkeit?

Nein. Sie sind nur für die Verwendung in Räumen mit normaler Luftfeuchtigkeit geeignet, da sie ihre Maße bei Feuchtigkeitsänderungen sehr stark verändern.

34.
In welchen Dicken werden MDF-Platten gehandelt?

In Dicken zwischen 8 und 32 mm.

35.
Warum empfiehlt sich bei der Bearbeitung von Holzwerkstoffplatten die Verwendung von hartmetallbestückten Werkzeugen?

Bei der Herstellung der Platten werden vor allem hart aushärtende Kunststoffharzklebstoffe verwendet, welche die Schneiden sehr beanspruchen.

2.3 Schichtpreßstoffplatten

1.
Woraus bestehen dekorative Hochdruck-Schichtpreßstoffplatten (HPL-Platten)?

HPL-Platten (bis 1986 als „dekorative Schichtpreßstoffplatten" bezeichnet) bestehen aus Zellulosebahnen (z. B. Papier), die mit härtbaren Kunstharzen imprägniert und unter Hitze und hohem Druck verpreßt werden. Eine oder mehrere Bahnen auf einer oder beiden Seiten zeigen dekorative Farbgebungen oder Dekors.

2.
In welche unterschiedliche Typen werden HPL-Platten unterteilt?

Typ N: Normalqualität, für allgemeine Zwecke.

Typ P: wie vor, kann jedoch entsprechend der Herstellerhinweise unter vorgegebenen Temperatur- und Druckbedingungen verformt werden.

Typ F: wie Typ N, jedoch gegenüber Flammeneinwirkungen erhöht widerstandsfähig.

3.
Welche Anwendungsklassen gibt es für HPL-Platten?

Die Anwendungsklassen 11, 22, 33 und 44.

4.
Welche Bedeutung haben die Anwendungsklassen?

Die HPL-Platten werden auf Abriebfestigkeit und Stoßbeanspruchungen untersucht. Je höher die Ziffer, desto höher ist die Widerstandsfähigkeit gegen diese Beanspruchungen. So sind HPL-Platten der Anwendungsklasse 11 vorzugsweise für lotrechte Beanspruchungen, wie sie z. B. bei Schranktüren vorkommen, geeignet, HPL-Platten der Anwendungsklasse 33 für waagrechte Beanspruchungen, wie sie z. B. bei Küchenarbeitsplatten auftreten.

5.
Welche Eigenschaften machen HPL-Platten für die Verwendung als Arbeitsplatten besonders interessant?

Neben dem gestalterischen Gesichtspunkt für die Auswahl sind folgende Eigenschaften hervorzuheben: Sie sind sehr hart und druckfest, abwaschbar, wetterfest und unempfindlich gegen viele Chemikalien und Haushaltsreiniger.

6.
In welchen Dicken werden HPL-Platten gehandelt?

In Dicken zwischen 0,5 und 5 mm.

***7.**
Ab welcher Dicke können HPL-Platten selbsttragend verarbeitet werden?

Ab einer Dicke von 2 mm.

8.
In der Furniertechnik spielt die Verarbeitungsrichtung eine Rolle. Woran erkennt man bei HPL-Platten die Längsrichtung?

An den Schleifspuren auf der Rückseite der Platten.

9.
Was bedeuten die einzelnen Angaben des folgenden Stempelaufdrucks auf einer HPL-Platte?

Bsp.: HPL N 1,2 – 33 DIN 16 926

N:	Normalqualität
1,2:	Dicke in mm
33:	Anwendungsklasse, hier hohe Beanspruchbarkeit
DIN 16 926:	Norm für die Güteüberwachung

10.
Wie kann man HPL-Platten beim Transport und der Lagerung vor Verkratzungen an der Dekorseite schützen?

Größere Platten biegen sich durch. Sie sind um die Längsachse zu tragen. Die Lagerung erfolgt am zweckmäßigsten waagrecht oder, wo nicht möglich, unter einem Stellwinkel von ca. 80 °. Die Platten sind dann aber gegen ein Abrutschen zu sichern, um ein Durchwölben zu verhindern.

3 Kunststoffe, Leime und Klebstoffe

3.1 Kunststoffe

1.
Nennen Sie einige Kunststoffprodukte, die der Tischler verwendet bzw. verarbeitet!

Rahmenmaterial für Tür- und Fensterbau; Dichtungsprofile; Beschläge für Fenster-, Türen- und Möbelbau; dauerelastischer Dichtstoff, Belagstoffe für Holzwerkstoffe; Kantenprofile; Lacke und andere Oberflächenmittel, Leime und Klebstoffe u. v. a. mehr.

2.
Aus welchen Rohstoffen werden Kunststoffe hergestellt?

Aus Erdöl, Erdgas oder Kohle. Zusatzstoffe sind Kalk, Luft, Wasser, Stickstoff und Chlor.

3.
In welche Arten teilt man die chemische Entstehung und Zusammensetzung der Kunststoffe ein?

In Polymerisation, Polykondensation und Polyaddition.

4.
Beschreiben Sie die drei Entstehungsarten!

Bei allen drei Entstehungsarten werden aus gleichen oder verschiedenartigen Einzelmolekülen sogenannte Makromoleküle hergestellt. Das sind sehr lange Molekülketten, die man sich als Wollfäden vorstellen kann.
Bei der Polymerisation (poly = griech. „viel") entstehen die Makromoleküle durch die Verbindung gleicher Moleküle, wobei die Molekülfäden i. d. R. filzartig untereinander verknäult sind. Bei der Polykondensation werden verschiedene Moleküle unter Abscheidung eines Spaltproduktes zu Makromolekülen verbunden. Hier sind die Molekülfäden straff untereinander verknüpft. Diese verhärtende Verknüpfung kann man sich als „Knoten" in einem Gewebe vorstellen und wird bei Lacken z. B. durch Zugabe von Härtern bzw. Vernetzern

erzielt. Bei der Polyaddition werden verschiedenartige Ausgangsmoleküle zu Makromolekülen verbunden, ohne daß ein Spaltprodukt abgeschieden wird. Die Molekülfäden sind hier viel weitmaschiger miteinander verknüpft, was dem Kunststoff eine elastische Eigenschaft verleiht.

5.
Wie werden Kunststoffe im Hinblick auf ihre physikalischen Eigenschaften unterschieden?
Hierbei unterscheidet man Thermoplaste, Duroplaste und Elastomere.

6.
Welche Kunststoffe lassen sich nach ihrer Herstellung noch umformen?
Thermoplastische Kunststoffe lassen sich umformen, indem sie erwärmt werden, z. B. Rohrleitungen aus PVC.

7.
Welche der o. a. Kunststoffgruppen lassen sich nach der Herstellung nicht mehr oder nur bedingt umformen?
Duroplastische Kunststoffe, z. B. Schichtpreßstoffplatten.

8.
Welche Kunststoffe können geschweißt werden?
Thermoplastische Kunststoffe.

9.
Welche Kunststoffe können geklebt werden?
Im Prinzip alle.

***10.**
Was versteht man unter Quellschweißen?
Thermoplaste werden mit einem Lösungsmittel des betreffenden Kunststoffes angelöst. Die Fügeteile werden zusammengepreßt, wobei die Molekülfäden miteinander verfilzen; das Lösungsmittel verdunstet und die Verbindung verfestigt.

11.
Wie werden Rahmenprofile für den Fensterbau aus PVC miteinander verbunden?

Durch Heizelementschweißen.

12.
Wie werden Fugen beim PVC-Bodenbelag miteinander verbunden?

Durch Warmgasschweißen. Hierbei erwärmt ein Schweißgerät eine Schweißschnur, die in die V-förmige Fuge gedrückt wird und sich mit dem Bodenbelag verbindet.

***13.**
Warum verschmieren thermoplastische Kunststoffe leicht an der Kreissäge?

Kunststoffe sind schlechte Wärmeleiter (die Wärmeleitzahl ist etwa gleich groß wie die von Holz). Dadurch leiten sie die Reibungshitze schlecht ab, wodurch es an der Schnittstelle zu einem Hitzestau kommt. Weil Thermoplaste bei Erwärmung in einen plastischen Zustand übergehen, kommt es zu dieser Erscheinung. Abhilfe sind kleinere Schnitt- und Vorschubgeschwindigkeiten.

***14.**
Vergleichen Sie die Längenausdehnung von Holz- und PVC-Fensterprofilen miteinander!

Die Längenausdehnungszahl der Kunststoffprofile ist höher. Deshalb müssen Kunststoffenster sorgfältig an das Mauerwerk angeschlossen werden, um die Längenänderung der Profile aufnehmen zu können. Auch der Falz zwischen Blend- und Flügelrahmen erfordert mehr Spielraum.

15.
Nennen Sie einige thermoplastische Kunststoffprodukte und Anwendungsbeispiele!

PVC	(Polyvinylchlorid)	Rahmenprofile für Fenster- und Türenbau, Dichtungsprofile, Schubkastenführungen
PVAc	(Polyvinylacetat)	Leime
PE	(Polyäthylen)	Baufolien

PMMA	(Polymethylmethacrylat)	Acrylglas für Verglasungen, Brüstungsfüllungen u. a.
PS	(Polystyrol)	Wärmedämmplatten
PA	(Polyamid)	Beschläge, Schrauben

16.
Nennen Sie die wichtigsten duroplastischen Kunststoffprodukte und Anwendungsbeispiele!

PUR	(Polyurethan)	Lacke, Montageschaum
UF	(Harnstoff-Formaldehydharz)	Leime, Lacke
PF	(Phenol-Formaldehydharz)	Leime
MF	(Melamin-Formaldehydharz)	Leime
UF	(Harnstoff-Formaldehydharz)	Leime, Lacke

17.
Nennen Sie die wichtigsten elastomeren Kunststoffprodukte und Anwendungsbeispiele!

SI	(Silicon)	dauerelastischer Dichtstoff, Glaskleber
CR	(Polychloroprene)	Dichtungsprofile, Kontaktkleber

18.
Welche Vor- und Nachteile haben Kunststoffe gegenüber Holz und Holzwerkstoffen?

Aus Kunststoffen werden preiswerte Massenprodukte hergestellt, deren Eigenschaften für den besonderen Anwendungszweck bei der Herstellung berücksichtigt bzw. beeinflußt werden können. Sie sind im Prinzip leichter als Holz, mit guten mechanischen Eigenschaften und hoher Formstabilität. Ihre Formgebung ist leicht und eine nachträgliche Verformung bei thermoplastischen Kunststoffen möglich. Ihre Witterungs- und Feuchtigkeitsbeständigkeit ist ausschlaggebend für die Wahl als Fensterrahmenmaterial. Sie haben aber im Vergleich zu Holz eine höhere Wärmeausdehnung. Bei der Herstellung und der Verarbeitung treten gesundheitsschädigende Dämpfe auf, und die Schwierigkeiten bei der Abfallbeseitigung werden immer stärker diskutiert.

19.
Welche Kritik im Rahmen des Umweltschutzes wird in der Öffentlichkeit an PVC geäußert?

In der Bundesrepublik werden jährlich ca. 1,2 Millionen Tonnen PVC-Produkte hergestellt. Umweltschützer sehen das Problem in der möglichen Entstehung von Dioxin („Seveso-Gift“) bei der Verbrennung von PVC-Abfall. Dioxin kann durch eine Verbindung mit dem bei der Verbrennung entweichenden Chlorwasserstoff entstehen.

3.2 Leime und Klebstoffe

1.
Welcher Unterschied besteht zwischen den Definitionen von Klebstoff und Leim?

Klebstoff als Oberbegriff bezeichnet alle Werkstoffe, die eine Verbindung zweier Körper herstellen, ohne daß ihr Gefüge zerstört wird wie z. B. bei Nägeln und Schrauben. Die dabei vorwiegend wirkende Kräfte sind die Oberflächenhaftung zwischen Klebstoff und Fügeteil und die Haftkraft im Klebstoff selber.

Leim ist somit auch ein Klebstoff, dessen Besonderheit es ist, in Wasser zu schweben.

Es kommt also nicht darauf an, daß der Grundstoff ein natürlicher ist. Der Weißleim mit dem synthetischen Grundstoff Polyvinylacetat (PVAc) wird als Leim bezeichnet, weil sein Grundstoff in Wasser gelöst ist.

2.
Welche Klebstoffarten werden in der Tischlerei vorwiegend verwendet?

1. Haftkleber, z. B. Klebefilme,
2. Schmelzkleber,
3. Kleber, bei dem das Lösungsmittel abwandert,
4. Kontaktkleber,
5. chemisch abbindende Kleber (Kondensationskleber),
6. Diffusionskleber (PVAc-Leim, bzw. Weißleim).

3.
Wie werden Klebstoffe im Hinblick auf den chemischen Aufbau der Grundstoffe eingeteilt?

Sie werden in natürliche und synthetische Klebstoffe eingeteilt.

4.
Welche Kräfte wirken in einer Klebefuge?

In einer Klebefuge wirken vor allem Adhäsionskräfte zwischen Kleber und Fügeteil und Kohäsionskräfte in der Klebefuge selbst. Daneben treten noch mechanische Kräfte auf, die durch die Verankerung in Poren und Unebenheiten hervorgerufen werden.

5.
Was versteht man unter Viskosität?

Mit dem Begriff Viskosität wird das Fließverhalten von Flüssigkeiten beschrieben, also auch das Fließverhalten von Leimen. In einem Behälter mit genormter Füllmenge fließt die Flüssigkeit an einer Auslauföffnung aus. Die Zeit bis zum vollständigen Auslaufen wird festgehalten. Je dünner der Kleber, desto kürzer die Auslaufzeit, desto niedriger die Viskosität.

6.
In welche Beanspruchungsgruppen werden Klebstoffe nach DIN 68 602 unterteilt?

B1 genügen den Anforderungen in Innenräumen unter normalen klimatischen Verhältnissen.

B2 genügen den Anforderungen in Innenräumen mit erhöhter relativer Luftfeuchtigkeit (Küche, Bad).

B3 genügen den Anforderungen bei kurzzeitiger Wassereinwirkung.

B4 genügen den Anforderungen bei extremer Wassereinwirkung (Hallenbad, Fenster).

7.
In welcher Form werden natürliche Leime gehandelt?

Sie werden als Granulat bzw. als Flocken oder als Pulver geliefert, in Wasser gelöst und im Wasserbad erwärmt. Daher rührt auch die frühere Bezeichnung „Warmleim“.

8.
Welche Nachteile haben natürliche Leime gegenüber synthetischen?

Nachteile der natürlichen Leime sind:
- eine geringe Feuchtigkeits- und Wärmebeständigkeit,
- eine lange Abbindezeit,
- unpraktische Handhabung,
- Pilzanfälligkeit,
- u. U. Verfärbung gerbstoffhaltiger Hölzer.

9.
Wozu werden heute noch natürliche Leime verwendet?

Sie werden zur Restaurierung alter Möbel und im Instrumentenbau verwendet.

10.
Was sind Schmelzkleber?

Schmelzkleber sind feste, lösungsmittelfreie (auch wasserfreie!) Kunstharzklebstoffe. Sie erhalten ihren flüssigen Klebezustand bei einer Schmelztemperatur von ca. 200 °C. Durch anschließende Abkühlung erstarren sie und binden schnell ab.

11.
Wo werden Schmelzkleber vorzugsweise eingesetzt?

Bei der Kantenverleimung.

12.
Können Schmelzkleber für Außenbauteile, z. B. Türen, verwendet werden?

Nein, denn sie sind nicht wetterfest. Mit Schmelzklebern läßt sich noch keine B3- bzw. B4-Verleimqualität erzielen.

13.
Welches Lösungsmittel enthält der Weißleim?

Er enthält Wasser als Lösungsmittel.

14.
Wie bindet der PVAc-Leim ab?

Das Lösungsmittel Wasser wird von den Fügeteilen aufgesaugt, die PVAc-Kunststoffteilchen, die von dem Wasser vorher in Schwebe gehalten wurden, schließen sich zu einem Leimfilm zusammen. Diesen Vorgang nennt man physikalisches Abbinden im Gegensatz zum chemischen Abbindevorgang bei Kondensationsleimen.

15.
Nennen sie einige Kondensationsleime!

Harnstoffharzleim, Melaminharzleim und Phenolharzleim.

16.
Wie binden Kondensationsleime ab?

Die nicht voll ausgehärteten Kunstharze (Harnstoff, Melamin u. a.) härten unter Zugabe von Härtern und Wärme endgültig aus. Bei diesem chemischen Prozeß entsteht ein neuer Stoff. Deshalb spricht man auch von einem chemischen Abbindevorgang.

17.
Wie können Leimdurchschläge beim PVAc-Leim entfernt werden?

Sie können mit warmem Wasser, Aceton oder Äthylacetat entfernt werden.

18.
Wie können Leimdurchschläge von Kondensationsleimen entfernt werden?

Diese Leime sind nach dem Pressen voll ausgehärtet. Leimdurchschläge können deshalb nicht mehr entfernt werden.

19.
Welche Vorbeugemaßnahmen sind möglich, wenn bei Furnierverleimung Leimdurchschläge nicht auszuschließen sind?

Die Verwendung von Füll- und Streckmitteln verhindert einen Leimdurchschlag. Ein entsprechender Farbzusatz bei dunklen Furnieren kann ihn u. U. unauffälliger erscheinen lassen.

20.
Was sind Streckmittel?

Streckmittel sind organische, quellbare und klebende Mehle auf Stärkebasis, z. B. Roggenmehl Typ 1370 und Weizenmehl Typ 550.

21.
Welche Eigenschaften haben Streckmittel

Sie mindern die Kosten der Leimflotte, verbessern die Elastizität der sonst spröden Kondensationsleimfugen und vermindern die Gefahr des Leimdurchschlags.

22.
Was sind Kürschner?

Als Kürschner bezeichnet man Fehlstellen, die nicht verleimt wurden.

23.
Was besagt die Angabe über die Weißpunkttemperatur beim Weißleim?

Wird diese Temperatur unterschritten, wird der Leim kreidig, weiß und spröde und verliert an Festigkeit und Bindekraft.

24.
Bei welcher Temperatur liegt die Weißpunkttemperatur beim Weißleim?

Bei 5 °C.

25.
Beurteilen Sie eine Klebefuge mit einem Dispersionsleim, dessen Fügeteile eine 20%ige Holzfeuchte aufweisen, im Hinblick auf die Bindekraft!

Ein optimales Leimergebnis ist unsicher. Die hohe Holzfeuchtigkeit erfordert eine lange Preßzeit.

26.
Welche Faktoren können beim Kleben die Preßzeit verkürzen?

Neben den Grundvoraussetzungen – Paßgenauigkeit , Staub- und Fettfreiheit und eine Holzfeuchtigkeit zwischen 8 und

12 % – beeinflussen höhere Temperaturen und geringere Leimauftragsmengen die Preßzeit positiv.

27.
Bei welchen Klebern ist ein sogenannter Fingertest üblich und was bedeutet dieser Test?

Lösungsmittelhaltige Kleber, auch Kontaktkleber genannt, werden beidseitig auf die Fügeteile aufgetragen. Vor dem Verpressen muß der Kleber abgelüftet sein, d. h., das Lösungsmittel muß entwichen sein. Die Fügeteile müssen sich trocken anfühlen und dürfen beim Berühren mit den Fingern keine Fäden ziehen. Eine einwandfreie Verklebung erfordert einen kurzzeitigen, hohen Preßdruck.

28.
Wie ist die offene (Warte-) Zeit definiert?

Als Zeitdauer zwischen Leimauftrag und dem Zeitpunkt der Vereinigung der Fügeteile.

29.
Wie ist die geschlossene (Warte-) Zeit definiert?

Als Zeitdauer zwischen Vereinigung der Fügeteile und dem Erreichen des vollen Preßdrucks.

30.
Wie ist die Topf-Zeit definiert?

Als Zeitdauer, in der eine zubereitete Leimflotte brauchbar bleibt.

31.
Welche Einflüsse verkürzen die offene Zeit und die Preßzeit einer PVAc-Leimfuge?

Offene Zeit und Preßzeit werden verkürzt durch

- niedrige relative Luftfeuchtigkeit (z. B. unter 45 %),
- hohe Raum- bzw. Materialtemperaturen,
- geringen Holzfeuchtegehalt,
- saugfähiges Material,
- dünnen Leimauftrag.

Die entgegengesetzten Einflüsse verlängern natürlich die Zeiten.

32.
Welcher Holzfeuchtebereich ist für eine Verleimung optimal?

Der Holzfeuchtebereich zwischen 6–12 %.

33.
Wie kann der Leim für eine Flächenverleimung manuell aufgetragen werden?

Mit einem gezahnten Leimspachtel oder mit einem Handroller, welcher, kreuzweise geführt, eine gleichmäßige Beleimung der Fläche herbeiführt.

4 Andere Werkstoffe

4.1 Glas

1.
Aus welchen Rohstoffen wird Glas hergestellt?
Die wichtigsten Rohstoffe sind Quarzsand, Kalk und Soda. Das Rohstoffgemenge wird bei ca. 1 500 °C geschmolzen.

2.
Welche Aufgabe haben Metalloxide im Rohstoffgemenge?
Metalloxide färben das Glas.

3.
Welche Herstellungsverfahren haben sich im Laufe der Geschichte entwickelt?
Die Sandkerntechnik, das Glasblasverfahren, das Gußverfahren, das Walz- und Streckverfahren, das Mondglasverfahren, das Zylinderglasblasverfahren, das Guß- und Walzverfahren als Übergang zur industriellen Fertigung, das Ziehverfahren nach Fourcault bzw. nach Libbey-Owens und das Float- oder Schwimmverfahren. Nach dem letztgenannten Verfahren werden heute die meisten Flachgläser hergestellt. Das Ziehverfahren wird nur noch vereinzelt an einigen Glashüttenstandorten angewendet.

4.
Beschreiben Sie die Glasherstellung nach dem Ziehverfahren!
Nach dem Fourcault-Ziehverfahren wird mit Hilfe einer Ziehdüse, die in die Glasschmelze abgesenkt wird, die Glasschmelze nach oben gezogen. Das geschieht zwischen Walzenpaaren, die die Glasschmelze auf die gewünschte Dicke walzen. Während dieses Vorgangs kühlt die Masse ab, so daß das erstarrte Glasband am Ende des ca. 8 m hohen Schachtes geschnitten und gestapelt werden kann. Wegen des Qualitätsnachteils gegenüber dem Floatverfahren spielt dieses Verfahren für die Flachglasherstellung keine Rolle

mehr, sondern nur noch für die Herstellung speziell dünner Gläser für den fotografischen und medizinischen Bereich sowie als Ausgangsstoff für die Herstellung von Flüssig-Kristall-Anzeigen.

5.
Beschreiben Sie die Glasherstellung nach dem Floatverfahren!

Bei diesem Verfahren schwimmt die gereinigte Glasschmelze auf geschmolzenem Zinn. Dabei hat die Glasschmelze zu Beginn des Floatbades eine Temperatur von ca. 600 °C und beim Verlassen der Kammer ca. 200 °C. Bei relativ niedrigen Temperaturen wird das erstarrte Glasband zugeschnitten. Das Produkt nennt man Floatglas.

6.
Welchen Vorteil hat das Floatverfahren gegenüber dem Ziehverfahren?

Der entscheidende Unterschied liegt in der erzielten Oberflächenqualität. Durch das Zinnbad und den vergleichsweise späten Kontakt mit Transportrollen, bei dem das Glasband eine geringere Temperatur hat als beim Ziehverfahren, ist die Oberfläche planparallel. Diese Qualität ist im Ziehverfahren nur durch anschließendes aufwendiges Schleifen und Polieren zu erreichen. Daneben läßt das Floatverfahren eine höhere Tagesproduktionsmenge zu.

***7.**
Was versteht man unter der früher verwendeten Bezeichnung „Spiegelglas"?

Dieser Begriff bezeichnet hohe Glasqualität, also z. B. verzerrungsfreier Durchblick oder der hohe Grad der Lichtreflexion durch planparallele Oberfläche. Das Glas nach dem früheren Ziehverfahren (Ziehglas) konnte diese hohe Qualität nur durch anschließendes Schleifen und Polieren erreichen. Heute wird diese Qualität im Floatverfahren direkt erreicht. Der Begriff wird aber weiter verwendet.

8.
Was versteht man unter Fensterglas?

Früher wurde es auch noch als Bau- oder Tafelglas bezeichnet. Es ist beiderseits feuerblank und nahezu eben. Fensterglas wird im Ziehverfahren hergestellt und spielt heute eine untergeordnete Rolle. Die heutige Bezeichnung lautet „gezogenes Flachglas".

9.
Was ist Gußglas?

Gußglas wird im Maschinenwalzverfahren mit oder ohne Drahteinlage hergestellt. Es weist auf einer oder auf beiden Seiten eine mehr oder weniger starke Ornamentierung auf.

10.
Nennen Sie weitere Produkte aus Gußglas!

Drahtglas, Drahtornamentglas, Kathedralglas und Gartenklarglas, genörpelt.

***11.**
Durch welche lichttechnischen Besonderheiten zeichnet sich Gußglas aus?

Durch die besondere Ornamentierung des Glases wird der Durchblick verhindert, die Lichtstreuung und -lenkung durch entsprechende Auswahl der Sorten kann gestaltet und die Ausleuchtung im Gegensatz zu normalem Spiegelglas erhöht werden.

12.
Zu welchen Produkten wird Floatglas weiterverarbeitet?

Es kann zu Einscheiben-Sicherheitsglas, Verbundsicherheitsglas, Mehrscheibenisolierglas (Isolierverglasung), Möbelglas und Kristallspiegeln weiterverarbeitet werden.

13.
Was ist Antikglas?

Antikglas ist ein Flachglas, dem durch Formgebung und Blasenbildung ein bewußt „antikes" Aussehen gegeben wurde.

14.
Worin besteht der Unterschied zwischen Einscheiben-Sicherheitsglas und Verbundsicherheitsglas?

Sicherheit bieten beide Gläser gegen die Verletzungsgefahr bei Glasbruch. Das Einscheiben-Sicherheitsglas zerkrümelt in kleine stumpfkantige Teilchen. Das Verbundsicherheitsglas besteht aus mindestens zwei Scheiben mit einer durchsichtigen Kunststoffolie in der Mitte. Beim Bruch bindet diese Folie die Glassplitter.

15.
Wo verwendet man Einscheiben- und Verbundsicherheitsglas?

Überall dort, wo erhöhte Bruch- und damit Verletzungsgefahr besteht, als Schutz gegen Einbruch und Durchschuß.

16.
Worauf beruht die erhöhte Wärmedämmung von Mehrscheiben-Isolierglas?

Sie beruht auf dem hermetisch abgeschlossenen Scheibenzwischenraum, der mit trockener Luft bzw. dem Edelgas Argon gefüllt ist.

17.
Wie kann man die Wärmedämmung von Isolierglas noch zusätzlich erhöhen?

Sie kann erhöht werden

- durch Schaffung eines zusätzlichen Zwischenraumes durch die Verwendung einer dritten Scheibe,
- durch eine Edelgas-, vorzugsweise Argonfüllung,
- durch eine zusätzliche Metalloxidbeschichtung auf der raumseitigen inneren Scheibenfläche.

18.
Welchen Zweck erfüllt die Edelmetallbeschichtung beim Mehrscheiben-Isolierglas?

Die Sonnenstrahlen werden in Wärmestrahlung umgewandelt. Die Beschichtung verhindert, daß die Wärmeenergie der raumseitigen Scheibe in den Scheibenzwischenraum abwandert. Dadurch strahlt sie nur in den Wohnraum ab. Dieser Effekt wird auch als passiver Energiegewinn bezeichnet und als Strahlungsgewinnkoeffizient (S_F) ausgedrückt.

***19.**
Wonach richtet sich die Größe des Strahlungsgewinnkoeffizienten S_F??

Nach der Ausrichtung zur Himmelsrichtung. Man unterscheidet die Ausrichtung nach Norden, West/Ost und Süden.

20.
Worin besteht der konstruktive Unterschied zwischen Schallschutz-Isoliergläsern und normalen Isoliergläsern?

Schallschutz-Isoliergläser haben auf der Außenseite eine dickere Glasscheibe (6 bis 14 mm) als raumseitig.

21.
Welche weiteren konstruktiven Maßnahmen erhöhen den Schalldämmwert der Isolierglaseinheit?

Der Schalldämmwert kann erhöht werden durch die Füllung des Scheibenzwischenraumes mit einem Schwergas und/oder der Verwendung von ein oder zwei Verbundglasscheiben (Verbindung von zwei Scheiben mit Gießharz oder einer Kunststoffolie).

22.
Welche Verglasungsarten gibt es für den Brandschutz?

Die DIN 4102 unterscheidet nach F-Verglasung und G-Verglasung.

***23.**
Worin besteht der Unterschied zwischen einer F- und einer G-Verglasung?

Der wesentliche Unterschied besteht darin, daß die G-Verglasung die Wärmestrahlung im Brandfall teilweise durchtreten läßt und die F-Verglasung dies verhindert. Auf der feuerabgekehrten Seite kann es bei der G-Verglasung also zu Entzündungen kommen.

***24.**
Welche Verglasung entspricht einer G-Verglasung?

Drahtglas mit mindestens 7 mm Dicke entspricht einer G-60-Verglasung.

***25.**
Welche Verglasung muß für eine F-Verglasung verwendet werden?

Für diese Anforderungen muß ein spezielles Brandschutzglas verwendet werden.

***26.**
Worauf beruht die Wirkungsweise eines Brandschutzglases?

Im Brandfall wird eine Zwischenschicht aktiviert, die schaumbildend und wärmedämmend wirkt und die Brandlastenergie aufzehrt. Dadurch bleibt die dem Brand abgewendete Scheibe relativ kalt. Die Brandschutzgläser werden im Gegensatz zu einer G-Verglasung undurchsichtig.

4.2 Metalle

4.2.1 Eisenmetalle

1.
Was sind Metalle?

Metalle sind chemische Grundstoffe und werden in der Erdkruste als Erze in meist unreiner Form gewonnen.

2.
Schwer- bzw. Leichtmetalle werden nach der Dichte eingeteilt. Alle Metalle über 4,6 kg/dm³ gehören zur Gruppe der Schwermetalle. Nennen Sie einige Schwer- und Leichtmetalle!

Schwermetalle: Eisen, Kupfer, Blei, Chrom, Zink, Zinn

Leichtmetalle: Aluminium, Magnesium, Calcium, Natrium, Titan

3.
Welche Produkte werden im Hochofen erzeugt?

Roheisen, Hochofenschlacke und Gichtgas.

4.
Zu welchem Produkt wird das graue siliciumreiche Roheisen verarbeitet?

Zu Grau- und Temperguß.

5.
Nennen Sie einige Produkte aus Grau- und Temperguß!

Grauguß: Maschinentische, Motorlager, Gehäuse, Abflußrohre u. a.

Temperguß: Beschläge, Türschloßgehäuse, Schlüssel, Hebel u. a.

6.
Zu welchem Produkt wird das manganreiche weiße Roheisen verarbeitet?

Zu Stahl.

7.
Welche Eigenschaften haben Gußeisen und Stahl?

Gußeisen ist hart und spröde, druckfest, wenig zugfest und läßt sich kaum verformen.

Stahl ist elastisch, hat eine gute Druck- und eine hohe Zugfestigkeit und läßt sich leicht verformen.

8.
Wovon hängen die Eigenschaften des Stahls ab?

Im wesentlichen vom Kohlenstoffgehalt und Legierungsstoffen. Je höher der Kohlenstoffgehalt, desto härter und spröder ist der Stahl.

9.
Nach welchen Gesichtspunkten werden die Stahlarten unterteilt?

Nach Zusammensetzung und Verwendung.

Nach der Zusammensetzung werden unlegierte, niedriglegierte und hochlegierte (Edelstähle) Stähle unterschieden.

Nach der Verwendung unterscheidet man Massen-, Qualitäts- und Edelstähle.

10.
Nennen Sie einige Legierungsstoffe!

Chrom, Nickel, Kobalt, Silicium, Vanadium, Mangan und Molybdän.

11.
Welche Eigenschaften können die Legierungszusätze beim Stahl verbessern?

Je nach Legierungselement und dessen prozentualem Anteil können Festigkeit, Härte, Zähigkeit, Schneidhaltigkeit, Elastizität und Korrosionsbeständigkeit verbessert werden.

12.
Nennen Sie Beispiele für legierte und unlegierte Stahlprodukte für den Tischler!

Unlegierte Stähle:	Hammer, Spannwerkzeuge
Niedrig legierte Stähle:	Stech- und Hobeleisen, Bohrer, Sägeblätter
Hochlegierte Stähle:	Maschinenwerkzeuge

4.2.2 Nichteisenmetalle (NE-Metalle)

13.
Nennen Sie die wichtigsten NE-Metalle und nennen Sie Beispiele für die Verwendung in der Tischlerei!

Aluminium:	Rahmenprofile für Fenster und Türen
Blei:	Zwischenschichten in Türen für den Strahlen- und Schallschutz, Einfassung von Fensterglasscheiben
Kupfer:	Haustürverkleidungen, Innendekoration
Messing:	(Kupfer-Zink-Legierung) Beschläge, Schrauben
Zink:	Korrosionsschutz auf Stahlschrauben (Feuerverzinkung)
Hartmetall:	Schneidenplättchen, die auf das Stammwerkzeug aufgelötet werden. HM wird aus Wolfram, Titan- oder Tantalkarbiden sowie Kobalt gesintert.

14.
Welche Eigenschaften hat Aluminium?

Aluminium ist sehr witterungsbeständig und leicht mit einer guten Biegefestigkeit. Die witterungsbeständige Oxidschicht ist aber nur sehr dünn und darf deshalb nicht beschädigt werden. Sie ist empfindlich gegen frischen Mörtel und Beton. Die Längenausdehnung bei Temperaturunterschieden ist erheblich größer als bei Holz und muß bei der Bauanschlußfuge berücksichtigt werden.

15.
Warum soll die Folienverschweißung der Aluminiumrahmen erst nach dem Einputzen der Fenster (Türen) erfolgen?

Aluminiumoberflächen reagieren empfindlich auf frische Mörtel- und Betonspritzer. Diese sind alkalisch (Laugen). Auf Säuren reagieren sie ebenfalls empfindlich.

16.
Welche Eigenschaften hat Blei?

Blei ist das schwerste gebräuchliche Metall. Es ist weich, läßt sich schneiden, löten und schweißen. Es ist giftig, deshalb ist große Sorgfalt beim Umgang mit diesem Schwermetall notwendig.

17.
Welche Eigenschaften hat Kupfer?

Kupfer ist korrosionsbeständig, weich, zäh und läßt sich gut dehnen und umformen, aber schlecht zerspanen.

18.
Welche Eigenschaften haben Hartmetalle?

Hartmetalle haben eine hohe Abrieb- und Kantenfestigkeit und erhöhen die Standzeit der Werkzeuge um ein Vielfaches im Vergleich zu den herkömmllichen Werkzeugen. Sie sind allerdings sehr spröde und damit sehr schlag- und stoßempfindlich.

19.
Welche Eigenschaften besitzen alle Metalle?

Alle Metalle leiten den elektrischen Strom und die Wärme sehr gut.

4.2.3 Korrosion

20.
Was ist Korrosion?

Unter Korrosion versteht man ganz allgemein die von der Oberfläche der Werkstoffe ausgehende fortschreitende Zerstörung durch chemische oder elektrochemische Vorgänge. Die auffälligste und häufigste Erscheinungsform ist die als Rosten bezeichnete Korrosion des Stahls.

21.
Welche Voraussetzungen ermöglichen eine Korrosion?

Die Einwirkung von Sauerstoff (Luft) und Wasser (Luftfeuchtigkeit).

22.
Welche Einflüsse fördern die Korrosion?

Fördernd wirken säure- und laugenhaltige Gase und Flüssigkeiten. Auch steigende Temperaturen beschleunigen den Korrosionsfortschritt.

23.
Beschreiben Sie die elektrochemische Korrosion!

In einer elektisch leitenden Flüssigkeit (Elektrolyt = wäßrige Lösung von Säuren, Laugen oder Salzen) entsteht ein Spannungspotential zwischen zwei verschiedenartigen Metallen. Dabei wird das „unedlere" Metall zerstört. Grundlage für die Einteilung der Metalle in edel bzw. unedel ist die elektrochemische Spannungsreihe.

24.
Was ist Lochfraß?

Die häufig vorkommende Bezeichnung für die elektrochemische Korrosion.

25.
Wo kann die elektrochemische Korrosion in der Praxis des Tischlers vorkommen?

Verwendet man zur Befestigung von Metallen, z. B. Aluminium-Fensterrahmen, Kupferverkleidungen, Beschläge u. a., keine Schrauben aus dem gleichen Metall, so ist mit einer elektrochemischen Korrosion zu rechnen.

26.
Welche Einflüsse beschleunigen den Lochfraß?

Die Position der Metalle in der elektrochemischen Spannungsreihe. Je weiter entfernt die beiden Metalle voneinander liegen, desto größer ist ihre Potentialdifferenz, und desto schneller wird das unedlere Metall zerstört. Je höher die „Aggressivität" der die Metalle verbindenden Feuchtigkeit (Elektrolyt) ist, desto schneller der Zerstörungsprozeß.

27.
Warum sind NE-Metalle unter normalen Witterungseinflüssen korrosionsbeständig?

NE-Metalle bilden unter Einfluß von Feuchtigkeit und Luft eine festhaftende und dichte Oxidschicht, die das Metall vor einer weiteren Zerstörung schützt.

28.
Durch welche Verfahren kann Stahl vor Korrosion geschützt werden?

Stahl kann geschützt werden durch

- Zugabe von Legierungsstoffen,
- Feuerverzinkung,
- Anstrich mit säurefreien Ölen und Fetten,
- Anstrich mit Menninge,
- Einbrennen von Emailpulver,
- metallische Überzüge,
- ausreichende Betonüberdeckung bei Baustählen.

***29.**
Warum kann es bei feuerverzinkten Schrauben, die im Außenbereich verwendet wurden, trotz der vermeintlichen Korrosionsbeständigkeit zu Rostflecken kommen?

Der dünne Zinküberzug kann durch starke Beanspruchung der Kanten mit einem Werkzeug zerstört worden sein.

30.
Was versteht man unter Eloxieren?

Eloxieren ist ein Korrosionsschutz- und Einfärbeverfahren für Aluminium.

5 Holzverbindungen

1.
Wie werden die dargestellten Breitenverbindungen bezeichnet?

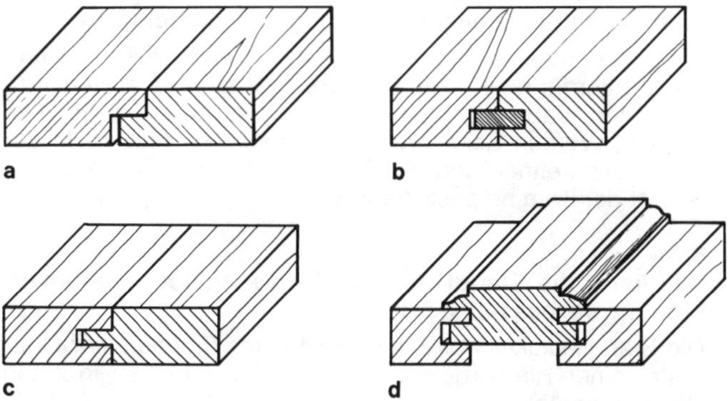

a) überfälzt, b) gefedert, c) gespundet, d) überschobene Fuge.

2.
Nennen Sie die wichtigsten verleimten Breitenverbindungen!

Die stumpfe Leimfuge, die gedübelte Fuge, die gefederte Fuge, die Keilzinkenverbindung.

3.
Welche der o. a. Verbindungen ist am stärksten belastbar?

Die Keilzinkenverbindung wegen ihrer um ein Vielfaches vergrößerten Leimfläche. Sie benötigt zur Herstellung allerdings einen Spezialfräskopf.

4.
Wo werden vorzugsweise Querholzfedern als Einschubfedern verwendet?

Zur Verbindung der genuteten Parkettstäbe und für Kasteneckverbindungen aus Vollholz.

5.
Welche Regeln müssen bei der Holzauswahl zur Herstellung verleimter Breitenverbindungen beachtet werden?

Da Seitenbretter sich stark schüsseln, sind Mittelbretter und Herzbretter für die Konstruktion vorzuziehen. Dabei ist darauf zu achten, daß Kern an Kern und Splint an Splint verleimt werden. Werden Seitenbretter verwendet, so sind sie in der Mitte aufzutrennen und gestürzt zu verleimen. Bei Herzbrettern ist der Kern herauszutrennen.

6.
Wie kann die Standfestigkeit der verleimten Breitenverbindung verbessert werden?

Die Standfestigkeit der Fläche wird durch Einbau einer Gratleiste, einer Hirnholzleiste oder durch den Einbau in einen Rahmen erhöht.

7.
Worauf ist beim Einbau der Gratleiste zu achten?

Der Grat der Leiste wirkt wie ein Keil parallel der Längsfaser und erzeugt eine Schubspannung. Die Fläche vor der Leiste, das Vorholz, wirkt dem entgegen. Um ein Abscheren des Vorholzes zu vermeiden, soll der Abstand der Gratleiste vom Flächenrand ca. 50 mm betragen. Damit die Fläche nicht zu sehr geschwächt wird, ist die Einbindetiefe der Gratleiste auf $^1/_4$ bis maximal $^1/_3$ der Brettdicke der Fläche zu beschränken.

8.
Warum darf die Gratleiste nicht voll verleimt werden?

Sie darf deshalb nicht verleimt werden, weil sonst gegen eine Grundregel der Verleimtechnik verstoßen würde, nämlich niemals Längsholz mit Querholz zu verleimen. Da das Holz in beiden Richtungen unterschiedlich arbeitet, käme es zu Spannungen und unkontrollierten Rissen in der Leimfuge. Die Vollholzfläche muß die vom Arbeiten des Holzes hervorgerufenen Bewegungen ungehindert und spannungsfrei ausführen können.

9.
Beschreiben Sie die wichtigsten Rahmeneckverbindungen!

a) Überblattung
b) Schlitz und Zapfen
c) gedübelte Eckverbindung
d) gefederte Eckverbindung
e) gestemmte Zapfenverbindung

zu a): nur für wenig bestatete Konstruktionen geeignet
zu b): gängige und haltbare Rahmeneckverbindung
zu c): zeit- und materialsparende Methode
zu d): wie vor, jedoch besonders für Gehrungen geeignet, weil sie einen etwas größeren Spielraum beim Einpassen zulassen als Dübel.
zu e): Verbindung für breite Rahmenfriese und hohe Belastungen. Allerdings zeit- und materialaufwendiger als gedübelte Rahmeneckverbindungen.

***10.**
Warum sollte die Rahmenholzbreite auf ca. 80 mm beschränkt werden?

Da sonst zu hohe Spannungen in der Leimfuge auftreten, weil Längsholz mit Querholz verleimt wird (s. Frage Nr. 8).

11.
Welche konstruktiven Maßnahmen sind vorzunehmen, wenn bei breiten Rahmenhölzern damit zu rechnen ist, daß sie sich werfen?

Es ist ein 15 mm langer Nutzapfen vorzusehen. Der Zapfen selber darf die Breite von 60 mm nicht überschreiten.

12.
Beschreiben Sie die wichtigsten Kasteneckverbindungen!

a) Fingerzinken
b) offene Zinken
c) Dübelverbindungen
d) Federverbindungen

zu a): bevorzugt maschinelles Herstellungsverfahren mit hoher Paßgenauigkeit und guter Belastbarkeit

zu b): bevorzugte handwerkliche Verbindung mit hohem Zeitaufwand und formschöner Wirkung

zu c): zeit- und materialsparende Verbindung, bei geringer Schwächung der Fügeteile

zu d): wie vor, jedoch größere Schwächung der Fügeteile wegen der durchgehenden Nut. Durch die Verwendung von Lamellofedern werden die Fügeteile weniger gechwächt. Die elliptische Form dieser Feder ermöglicht eine tiefere Einbindung in den Fügeteilen und erhöht dadurch die Stabilität.

13.
Wonach richtet sich die Anzahl der Zinken?

Sie ist abhängig von der Dicke und Breite des Holzes.

14.
Warum müssen Dübellöcher etwas tiefer als die notwendige Dübellänge gebohrt werden?

Damit der überschüssige Leim Platz hat.

15.
Welche Dübel eignen sich für Gehrungsecken?

Hierfür eignen sich besonders Winkeldübel.

16.
Welche Einschubfedern eignen sich für die Kasteneckverbindung aus Vollholz?

Querholzfedern, weil sie in der gleichen Richtung wie die Fügeteile arbeiten, Federn aus Furniersperrholzplatten oder bei Gehrung Lamellofedern.

17.
Warum werden Federn bei Gehrungsverbindungen nicht in der Mitte der Gehrung angebracht, sondern etwas mehr zur Innenkante hin?

Es bleibt dann nach außen hin mehr Holz stehen.

18.
Woran erkennt man maschinell hergestellte Zinken?

Zur Herstellung benötigt man eine Zinkenfräsmaschine oder einen Gratfräser für die Oberfräse. Man erkennt diese Zinken an dem abgerundeten Zinkengrund und daran, daß Zinken und Schwalben gleich groß sind.

19.
Was versteht man unter Folding-Verfahren?

Eine industrielle Kasteneckverbindung, bei der die Abwicklung des Kastens (Gehäuse) nicht getrennt, sondern nur gekerbt wird. Dabei wird die äußere Folienschicht nicht durchtrennt. An diesen Einkerbungen werden die Einzelteile zusammengefaltet, wobei danach die Ecken an der Oberfläche fugenlos erscheinen.

20.
Wie können Kastenmittenverbindungen ausgeführt werden?

Diese Verbindungen können gegratet, gedübelt, gefedert, gespundet oder mit einer Fingerzapfenverbindung verbunden werden.

21.
Nennen Sie die wichtigsten Gestellverbindungen!

Die häufigsten Verbindungen sind die gedübelte und die gezapfte Gestellverbindung.

22.
Welche Aufgabe hat der Nutzapfen bei einer Gestellverbindung?

Er verhindert die Wölbung breiter Zargenhölzer.

23.
Von welchen Einflußgrößen hängt die Festigkeit einer genagelten Verbindung ab?

Sie hängt ab von der Anzahl, der Dicke, der Länge, der Oberflächenstruktur und dem Einschlagwinkel der Nägel. In trockenem Hartholz in die Längsfaser eingeschlagene Nägel halten am besten.

24.
Wie kann man ein Spalten des Holzes vermeiden?

Indem man die Nägel zuvor staucht und einen Abstand zum Rand hin läßt.

25.
Benennen Sie die einzelnen Schraubenarten in der folgenden Abbildung!

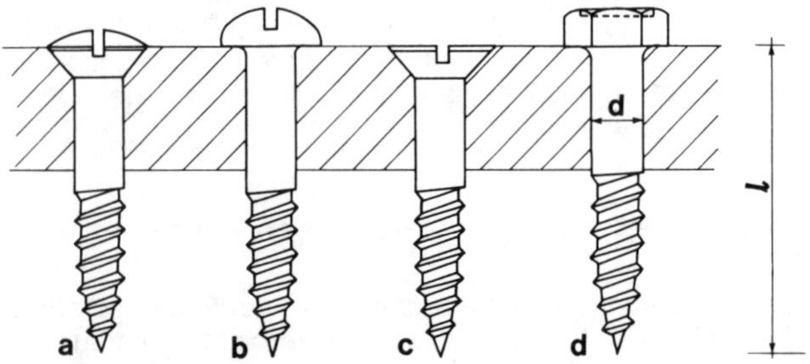

a) Linsensenkholzschraube, b) Halbrundschraube, c) Senkholzschraube, d) Sechskantholzschraube

26.
Welche Bedeutung hat im einzelnen folgende Schraubenkennzeichnung?
3.5 x 35 DIN 7997 — St?

3,5	Nenndurchmesser in mm
35	Länge l in mm
79 . .	DIN-Nr.-Vorsatz für Kreuzschlitzausführung
. . 97	DIN-Nr.-Ergänzung für Senkholzschraube
St	Stahlausführung (wahlweise noch in Messing – Ms – oder Aluminium – Al –)

27.
Welche Vorteile haben Spanplattenschrauben (Spax)?
Spanplattenschrauben lassen sich bei gleicher Umdrehungszahl tiefer eindrehen als herkömmliche Schrauben. Durch das scharfe Doppelganggewinde wird das empfindliche Spanplattengefüge weniger zerstört.

28.
Warum dürfen Schrauben nicht eingeschlagen werden?
Beim Einschrauben entsteht im Gegensatz zum Einschlagen ein Gegengewinde, welches die Haltekraft bewirkt.

29.
Warum sind Holzdübel gerillt?
Das erhöht die Leimfläche.

30.
Was sind Quelldübel?
Das sind kreuzgerillte Holzdübel, die durch den Wasseranteil im PVAc-Leim aufquellen und eine kraftschlüssigere Verbindung bewirken.

31.
Bei welcher Verwendung sind Quelldübel problematisch?
Sie können sich auf der Oberfläche von furnierten (besonders dünnen) Spanplatten abzeichnen.

32.
Welchen Vorteil haben Lamellofedern im Vergleich zu durchgehenden Einsetzfedern im Plattenbau?

Gerade bei Spanplatten wird der empfindliche Querschnitt weniger geschwächt, weil sie nur stellenweise eingelassen werden.

33.
Welches Verbindungsmittel eignet sich besonders für dünne Korpusteile?

Geriffelte Winkelfedern aus Kunststoff.

6 Holzbearbeitung

6.1 Handwerkzeuge

1.
Aus welchem Material besteht die Hobelbank?
Die Platte besteht aus gedämpftem Rotbuchenholz.

2.
Welche wichtigen Zubehörteile gibt es?
Bankknechte zur Unterstützung schwerer und langer Werkstücke, Spitzbankhaken zur Befestigung langer Leisten und Seitenbankhaken zur Verarbeitung verleimter Kästen.

3.
Welche Arbeitsregeln sollten an der Hobelbank eingehalten werden?
- Niemals ohne Beilagen auf der Platte bohren, stämmen oder sägen.
- Keine Metallteile in die Zangen einspannen.
- Zangen nicht durch Stemmen, Sitzen o. ä. belasten.
- Nicht mit dem Hammer auf die Bankhaken schlagen.
- Bankplatte von Zeit zu Zeit abziehen und mit Leinöl streichen.
- Stahlspindel ebenfalls von Zeit zu Zeit ölen.

4.
Welche Höhe soll die Hobelbank vorzugsweise haben?
Die Höhe der Vorder- und Hinterzange soll auf der Höhe des Handgelenkes liegen, um ein ermüdungsarmes Arbeiten zu gewährleisten.

5.
Nennen Sie die wichtigsten Anreißwerkzeuge!
Ein spitzer Bleistift mit harter Mine (2H), Spitzbohrer, Streichmaß und Zirkel.

6.
Wozu dient das Streichmaß?

Es dient zum Anreißen eines Maßes, welches parallel zur Werkstoffkante verläuft, z. B. zum Anreißen von Schlitz- und Zapfenmaßen.

7.
Nennen Sie die gebräuchlichsten Meßwerkzeuge!

Gliedermaßstab („Zollstock"), fester Meter, Meßschieber (Schieblehre), Bandmaß und Einstellmeßgeräte für Maschinenwerkzeuge.

8.
Welche Werkzeuge gibt es zur Winkelübertragung?

Winkel mit Gradeinteilungen, das Gehrungsmaß mit 45°, feste Winkel mit z. B. 30° und 60° und die Schmiege zur Übertragung von beliebigen Winkeln.

9.
Welche Voraussetzungen gewährleisten genaue Meßergebnisse?

Auf den Lichteinfall und das sichere Anliegen des Meßwerkzeugs achten. Das Ablesen erfolgt im rechten Winkel. Auf Folgefehler durch ein Hintereinandermessen achten und besser durch die Auswahl eines längeren Meßwerkzeugs vermeiden.

10.
Welche Handwerkzeuge eignen sich vorzugsweise für folgende Arbeiten:

a) Ablängen eines Werkstückes auf 1 925 mm,

b) ein Winkel von 45° soll angerissen werden,

c) ein feststehender Höhenriß soll in einen anderen Raum übertragen werden,

d) in einer Halle ist das Längenmaß zu kontrollieren,

e) das Türfutter ist senkrecht auszurichten,

f) ein in 2,60 m Höhe befindlicher Markierungspunkt ist auf den Fußboden zu übertragen,

g) ein Winkel von 33° ist zu übertragen,

h) Lochdurchmesser von 5,5 mm ist zu kontrollieren.

a) Gliedermaßstab, b) Gehrungswinkel von 45°, c) Schlauchwaage, d) Maßband, e) Wasserwaage oder Senkelschnur, f) Senkelschnur, g) Schmiege, h) Meßschieber.

11.
Wie überprüft man die Genauigkeit eines Winkels?

Der Winkel wird mit dem Schenkel an eine abgerichtete Kante gelegt und an der Zunge ein Riß gezogen. Danach wird der Schenkel um 180° umgeschlagen. Die Zunge muß nun ebenfalls parallel zum Riß verlaufen.

***12.**
Auf welches Eichmaß ist 1 m international zurückzuführen?

Auf die Wellenlänge des Krypton-Isotops 86. 1 m = 1.650.763,73mal die Wellenlänge dieses Isotops.

13.
Aus welchen Einzelteilen besteht eine Gestellsäge?

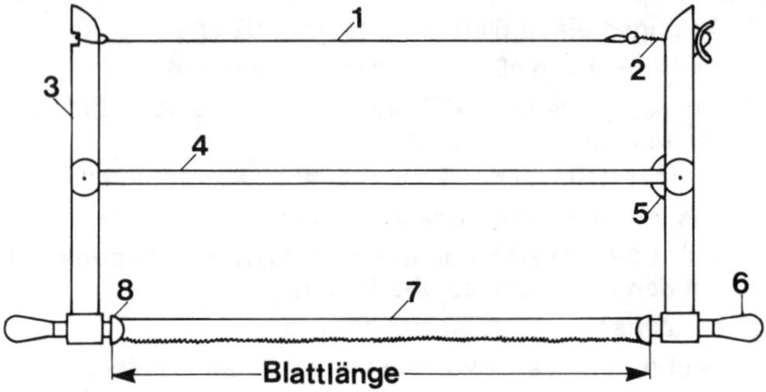

1) Spanndraht
2) Gewindebolzen
3) Sägearm
4) Steg
5) Stütze
6) Griff
7) Sägeblatt
8) Angel

14.
Benennen Sie die einzelnen Kennzeichnungen mit ihren Fachbegriffen!

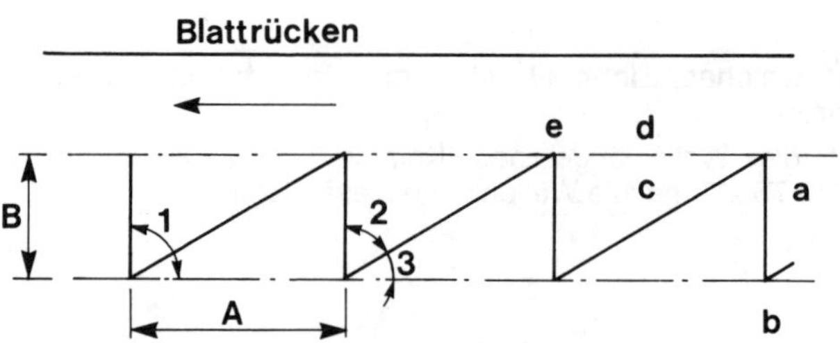

A) Zahnlänge
B) Zahntiefe
1) Schnittwinkel
2) Keilwinkel
3) Freiwinkel
a) Zahnbrust
b) Zahnspitze
c) Zahnrücken
d) Zahngrundlinie
e) Zahngrund

15.
Was bedeutet der Hinweis, daß eine Säge „schwach auf Stoß“ ausgerichtet ist?

Der Schnittwinkel beträgt etwa 100–110°, d. h., es besteht ein negativer Spanwinkel von 10–20°. Das führt beim Sägen zu einer mehr schabenden, leichteren Handhabung und erzielt einen sauberen Schnitt.

16.
Welche Sägen sind schwach auf Stoß ausgerichtet?

Die meisten in der Schreinerwerkstatt verwendeten Sägen wie Absetzsäge, Fuchsschwanz, Feinsäge u. a.

17.
Welche weiteren Ausrichtungen der Sägezähne gibt es noch?

Es gibt neben den schwach auf Stoß ausgerichteten Sägezähnen stark auf Stoß, auf Stoß, auf Zug und Stoß und auf Zug ausgerichtete Sägezähne.

18.
Warum muß eine Säge geschränkt werden?

Der Schnitt hinter dem Sägeblatt bleibt wegen der Elastizität des Holzes nicht stehen. Dadurch würde das Sägeblatt eingeklemmt.

19.
Welche Maße sind beim Schränken zu beachten?

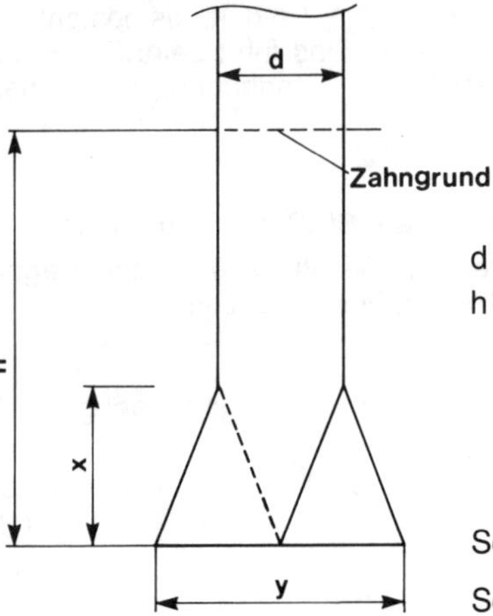

d = Sägeblattdicke
h = Zahnhöhe

Schränkhöhe $x = \frac{1}{3} \cdot h$
Schränkweite $y \leq 2 \cdot d$

20.
Mit welchem Werkzeug wird das Sägeblatt geschränkt?
Mit einer Schränkzange.

21.
Mit welchem Werkzeug wird das Sägeblatt geschärft?
Mit einer gleichseitigen, abgerundeten Dreikantfeile.

22.
Warum muß das Schärfen gegen den Stoß erfolgen?
Damit der beim Feilen entstandene Grat in Stoßrichtung erhalten bleibt und nicht wieder beim nächsten Zahn weggefeilt wird.

23.
Warum muß das Schärfen nach dem Schränken erfolgen?
Beim Schärfen entsteht ein feiner Grat. Dieser könnte durch ein nachträgliches Schränken beschädigt werden.

24.
Welche Sägen werden nicht geschränkt?

Die Stich- und Furniersäge, die Gratsäge nur sehr gering.

25.
Warum verläuft eine Säge?

Die Sägezähne sind nicht gleichmäßig weit auf beiden Seiten geschränkt oder das Sägeblatt ist hohl.

26.
Welche Hobel eignen sich für folgende Arbeiten besonders gut:

a) Bearbeiten von groben, teils leicht gewölbten Flächen,

b) bearbeiten von runden und hohlen Flächen,

c) Ausarbeitung einer Gratnut auf gleichmäßige Tiefe,

d) Herstellung ebener Flächen und rechtwinkliger Kanten,

e) Montagearbeiten,

f) Hirnholz bestoßen?

a) Schrupphobel, b) Schiffshobel, c) Grundhobel, d) Rauhbank, e) Putzhobel, f) Hirnholzhobel oder, falls nicht vorhanden, ein Doppelhobel.

27.
Welche Faktoren beeinflussen die Oberflächenqualität des gehobelten Werkstückes?

Neben der Hobelhaltung und -führung die Schärfe und der Schnittwinkel des Hobeleisens sowie die richtige Einstellung der Klappe, die Beschaffenheit der Hobelsohle und die Weite des Hobelmauls sowie nicht zuletzt die Holzart mit ihrem unterschiedlichsten Faserverlauf haben Einfluß auf die Oberflächenqualität.

28.
Benennen Sie in der folgenden Abbildung die angegebenen Stellen mit Winkelbezeichnungen und Fachausdrücken und geben Sie für die Maßlinien die Maße an!

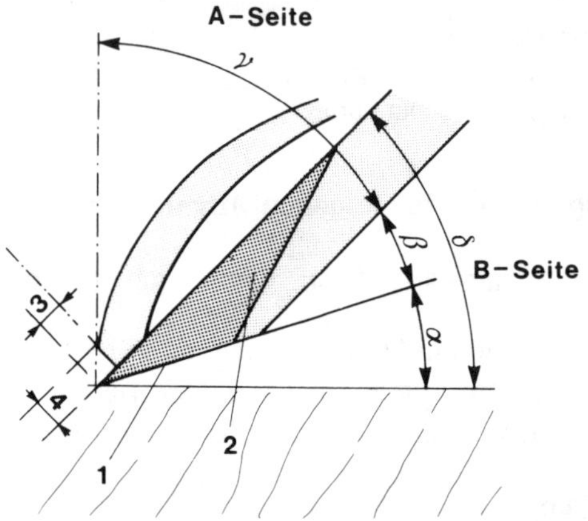

α = Freiwinkel
β = Keilwinkel
γ = Spanwinkel
δ = Schnittwinkel
1 = Fase
2 = Zone aus gehärtetem Werkzeugstahl
3 = 0,5–1,0 mm
4 = 1 mm
A = Spiegelseite
B = Faseseite

29.
Welche Aufgabe hat die Klappe am Doppelhobeleisen?

Der vorauseilende Span, der beim Hobelvorgang durch das keilförmige Hobeleisen erzeugt wird, wird normalerweise an der Hobelmaulvorderkante gebrochen. Sonst würde die Holzfaser unkontrolliert und rauh aus dem Werkstück ausbrechen. Die Klappe bricht den Span direkt hinter der Schneide, womit die Gefahr des Einreißens noch stärker verringert wird.

30.
Welche Wirkung hat ein negativer Spanwinkel auf die Oberfläche?

Der Schnitt wirkt schabend wie z. B. bei der Ziehklinge.

31.
Welche Ursachen hat das Verstopfen eines Hobelmauls?

Die Klappe sitzt nicht dicht auf dem Hobeleisen auf; das Hobelmaul kann zu eng sein.

32.
Warum ist das Hobeleisen des Schrupphobels an den Ecken abgerundet?

Mit dem Schrupphobel können dickere Späne abgenommen werden, die durch die Rundung eine seitliche Begrenzung bekommen; die Ausrißgefahr wird verringert.

33.
Worauf ist zu achten, wenn die Hobelsohle abgerichtet werden soll?

Das Hobeleisen wird zurückgestellt, aber verkeilt im Hobelkasten gelassen. Dadurch verbleibt die Hobelsohle unter Spannung und der Schliff eben. Es ist zu beachten, daß der Schliff die Hobelmaulöffnung vergrößert und sich das Einsetzen eines Spundes nach mehrmaligem Abrichten zur Verkleinerung der Hobelmaulöffnung empfiehlt.

34.
Worauf ist beim Schärfen des Hobeleisens zu achten?

- Keine freihändige Führung.
- Die Führung an der Schleifmaschine auf die Keilwinkelgröße einstellen.
- Mit geringem Anpreßdruck schleifen.
- Für stetige Kühlung mit Wasser sorgen.
- Das Eisen nicht plötzlich abschrecken.
- Das Eisen nicht blau oder braun anlaufen lassen.

35.
Welche Abziehsteine gibt es?

Es gibt natürliche Abziehsteine, wie der Belgische Brocken und der Arkansasstein, und künstliche Steine sowie künstliche Abziehsteine, die es auch mit einer grob- und feinkörnigen Seite im Handel zu beziehen gibt.

36.
Wie werden die einzelnen Steine für den Abziehvorgang befeuchtet?

Der Belgische Brocken wird nur mit Wasser, der Arkansasstein mit einem Gemisch aus Petroleum und Öl und die künstlichen Steine entweder mit Wasser oder mit einem Ölgemisch befeuchtet.

37.
Worauf ist beim Abziehen des Hobeleisens (oder des Stechbeitels) zu achten?

Durch das Abziehen soll der Grat, der durch das Schleifen an der Schneide entstanden ist, entfernt werden. Zunächst wird die Faseseite kreisend und festaufliegend bewegt. Die Spiegelseite nur so wenig wie möglich und so viel wie nötig abziehen. Dabei liegt die Spiegelseite flach auf dem Abziehstein.

38.
Nennen Sie die gebräuchlichsten Stemmwerkzeuge!

Die gebräuchlichsten Stemmwerkzeuge sind der Stechbeitel, der Lochbeitel, der Hohlbeitel und zum Schlagen der Schreinerklüpfel.

39.
In welchen üblichen Breiten wird der Stechbeitel gehandelt?

In den Breiten von 3, 4, 6–32 mm in Abstufungen von 2 mm, von 35–50 mm in Abstufungen von 5 mm.

40.
Benennen Sie die Einzelteile in der folgenden Abbildung mit den entsprechenden Fachausdrücken!

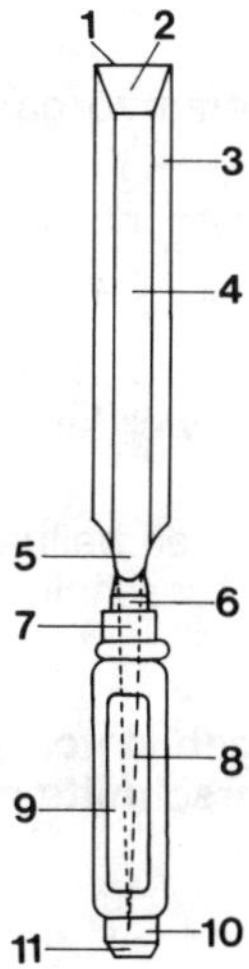

1. Schneide
2. Ballen oder Fase
3. Fase an Längskante Klinge
4. Klinge
5. Hals
6. Bund
7. untere Zwinge
8. Angel
9. Griff
10. obere Zwinge
11. Schlagknopf

41.
Was bedeutet das Verlaufen des Stechbeitels?

Das heißt, daß der Stechbeitel nicht senkrecht in das Holz eindringt, sondern in Richtung der Winkelhalbierenden des Keilwinkels abweicht.

42.
Warum darf mit den Stemmarbeiten nicht unmittelbar am Riß begonnen werden?

Der Stechbeitel würde sonst verlaufen.

43.
Beschreiben Sie den Stemmvorgang eines Loches!

Es wird in der Mitte begonnen und bis zur gewünschten Tiefe ausgestemmt. Danach wird nach außen zum Riß ausgestemmt.

44.
Für welche Arbeiten werden Raspeln und Feilen benötigt?

Für die spanabnehmende Bearbeitung von gekrümmten Holzoberflächen, Bohrungen, Ausschnitte o. ä.

45.
Bezeichnen Sie die abgebildeten Feilenquerschnitte und bezeichnen Sie die Querschnitte mit R, die auch für Raspeln verwendet werden!

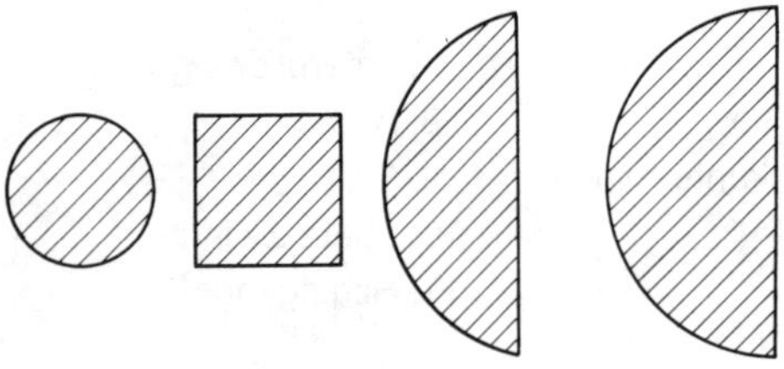

1)	2)	3)	4)
Rund-feile	Vierkant-feile	Flachrund-feile	Halbrund-feile
R		R	R

5)
Flach-
feile
R

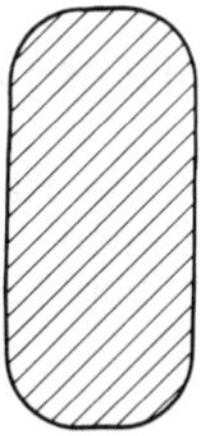

6)
Flachfeile
(abgerundet)
R

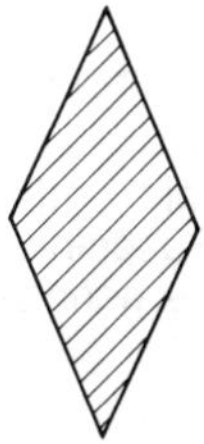

7)
Schwert-
feile

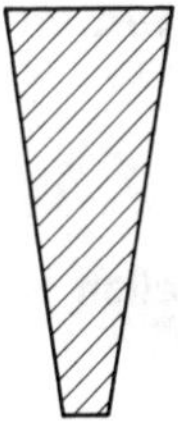

8)
Messer-
feile

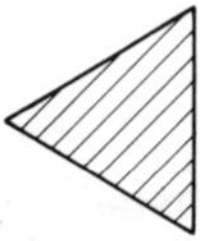

9)
Dreikant-
feile

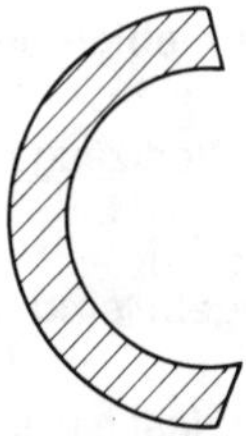

10)
Kabinett-
feile
R

46.
Welche Angaben sind für die Auswahl einer Raspel wichtig?

Die Hiebzahl von 1 bis 3 und die Länge in den Abstufungen von 150, 200, 250 und 300 mm.

47.
Welcher Zusammenhang besteht zwischen Hiebzahl und Länge einer Raspel?

Je höher die Hiebzahl und je kleiner die Raspellänge ist, desto feiner ist der Raspelhieb. Möchte man die feinste Raspel, so wählt man die geringste Länge von 150 mm mit der höchsten Hiebzahl 3.

48.
In welcher Weise werden die Hiebe an der Feile hergestellt?

Feilen mit Einhieb:	die Einkerbungen liegen schräg parallel zueinander.
Feilen mit Kreuzhieb:	der Unter- und Oberhieb liegen kreuzförmig zueinander.

Daneben gibt es noch gefräste Feilen.

49.
Wozu werden einhiebige Feilen vorzugsweise verwendet?

Zum Schärfen von Werkzeugen.

50.
Welche Arbeitsregeln sind beim Raspeln und Feilen zu beachten?

- Werkstücke sind fest einzuspannen.
- Nur in der Arbeitsrichtung Druck ausüben und dabei etwas seitlich arbeiten, um Riefen zu vermeiden.
- Nur Werkzeuge für jeweils einen Werkstoff verwenden.
- Auf einen festen Sitz des Griffes achten.

51.
Wie kann man mit Holz und Harz verschmutzte Raspeln und Feilen reinigen?

Durch Eintauchen in heißes Wasser und anschließendes Ausbürsten mit einer Wurzelbürste.

52.
Wie kann man eine Feile von Metallspänen reinigen?

Mit einer Messingbürste.

53.
Worin unterscheiden sich Bohreinsätze für Bohrwinden von Einsätzen für elektrische Handbohrmaschinen?

Die Bohrer für die Bohrwinde haben einen konisch zulaufenden Vierkantschaft, die Einsätze für elektrische Bohrmaschinen sind zylindrisch.

54.
Welchen größten Durchmesser nehmen die gängigen Bohrmaschinen höchstens auf?

Die maximalen Durchmesser liegen je nach Maschinentyp zwischen 8, 10 oder 13 mm.

55.
Welche Bohreinsätze eignen sich für Dübelbohrungen in Längs- und Hirnholz?

Es eignen sich hierfür vorzugsweise Spiralbohrer für Holz mit einer Zentrierspitze, die ein Verlaufen des Bohrers verhindern soll.

56.
Welche Bohreinsätze eignen sich für Dübelbohrungen in Beton?

Hierfür eignen sich Spiralbohrer für Stein mit einer Hartmetallschneide am besten, wobei zusätzlich eine Bohrmaschine verwendet werden soll, die auf Schlag umstellbar ist.

57.
Was ist ein Krauskopf?

Mit einem Krauskopfbohrer können Bohrungen kegelförmig ausgerieben werden, um entsprechende Schrauben versenken zu können, damit der Schraubenkopf bündig mit der Holzoberfläche abschließt.

58.
Wozu verwendet man vorzugsweise Forstner- bzw. Kunstbohrer?

Man verwendet sie zum Ausbohren von Ästen und zum Einbohren von Topfbändern in Holzwerkstoffe.

59.
Warum eignen sich der Forstner- und Kunstbohrer nicht zum Herstellen tieferer Bohrlöcher?

Es fehlen die Spannuten zum Transport der Holzspäne.

60.
Welcher Bohrer eignet sich für Bohrlöcher mit offenem Rand, wie z. B. für Beschläge am Plattenrand?

Forstnerbohrer. Kunstbohrer sind ungeeignet, weil durch die schmaleren Vorschneider die Führung, die der Forstnerbohrer aufweist, entfällt.

61.
Wie lassen sich Bohrer von Holz- und Harzresten reinigen?

Mit Reinigungslösungen, Nitro-Verdünnung, heißem Wasser, aber keinesfalls mit spitzen, harten Gegenständen. Nach der Reinigung sind die Bohrer ggf. einzufetten und getrennt voneinander in einer Stecklochvorrichtung aufzubewahren.

6.2 Holzbearbeitungsmaschinen

1.
Welche Aufgaben hat die Holz-Berufsgenossenschaft (Holz-BG)?

- Beratung in Fragen der Arbeitssicherheit,
- Überwachung von Unfallverhütungsmaßnahmen,
- Untersuchung von Arbeitsunfällen,
- Ausbildung in Lehrgängen zur Unfallverhütung.

2.
Welchen rechtlichen Stellenwert besitzen die Unfallverhütungsvorschriften (UVV)?

Sie stellen verbindliche Rechtsnormen dar.

3.
Welche Grundregeln der UVV gelten an Maschinenarbeitsplätzen?

- Ordnung am Arbeitsplatz,
- enganliegende Arbeitskleidung tragen,
- keine Ablenkung der an der Maschine arbeitenden Personen,
- Sicherheitsvorkehrungen auch für kurze Arbeitszeiten verwenden,
- kein Alkohol am Arbeitsplatz.

4.
Dürfen Jugendliche unter 16 Jahren an Holzbearbeitungsmaschinen beschäftigt werden?

Nein. Das sieht das Jugendarbeitsschutzgesetz nicht vor.

5.
Dürfen Jugendliche über 16 Jahren an Maschinen beschäftigt werden?

Ja, wenn es unter Aufsicht eines fachkundigen Mitarbeiters geschieht und dies zum Erreichen ihres Ausbildungsziels erforderlich ist.

6.
Welche Vorteile haben indirekte Antriebe über Keilriemen?

- Überlastungen bei der Werkstückbearbeitung wirken sich nicht direkt auf den Motor aus.
- Durch verschiedene Riemenscheibendurchmesser sind höhere und regelbare Drehfrequenzen möglich.
- Die elastischen Riemen schonen Lager und Wellen.
- Die Elastizität wirkt sich ebenfalls positiv auf die Oberflächenqualität aus.

7.
Wovon ist die Schnittgeschwindigkeit eines Werkzeugs abhängig?

Sie ist abhängig vom Durchmesser des Werkzeugs und der Umdrehungszahl. Je höher der Durchmesser und die Umdrehungszahl, desto höher die Schnittgeschwindigkeit.

8.
Welche Faktoren beeinflussen die Schnittgüte?

Schnittgeschwindigkeit, Vorschubgeschwindigkeit und Schneidenzahl.

9.
Was bezeichnet man als Übersetzungsverhältnis?

Das Übersetzungsverhältnis ist das Verhältnis der treibenden Scheibe n_1 zur getriebenen Scheibe n_2. $i=n_1/n_2$.

10.
Welche Arbeiten können an der Bandsägemaschine ausgeführt werden?

Es können ausgeführt werden: Zuschnitt, Besäumen, Auftrennen, Ablängen, Schlitzen und Runden.

11.
Warum dürfen die seitlichen Sägeblattführungen das Sägeblatt während des Betriebes nicht berühren (Abstand ~0,5 mm)?

Damit durch die Reibung das Sägeblatt nicht erhitzt werden kann, wodurch Risse entstehen können.

12.
Welche Aufgabe haben die Sägebandführungen oberhalb und unterhalb des Tisches?

Sie dämpfen den vorschubbedingten Druck und den seitlichen Druck beim Sägen geschweifter Konturen.

***13.**
Welchen Vorteil haben ballig geformte Bandagen?

Diese Form hat den Vorteil, daß sich das Sägeblatt selbständig zur Bandmitte ausrichtet und das Sägeblatt somit ruhig und rund läuft.

14.
Welche Sicherheitsvorkehrung ist beim Zuschnitt von Rundholz zu verwenden?

Die Keilstütze.

15.
Welche Arbeiten können an der Tischkreissäge ausgeführt werden?

Quer-, Längs-, Format-, Besäum-, Ablängschnitte, Verdecktschnitte zur Herstellung von Nuten und Falze, Einsetzschnitte u. a.

16.
Was sind Verbundkreissägeblätter?

Das sind Kreissägeblätter, bei denen auf das Stammblatt Hartmetallschneiden aufgelötet werden.

17.
Nennen Sie 4 Schneidformen aus Hartmetall bei Verbundkreissägeblättern.

a) Flachzahn

b) Wechselspitzzahn

c) Trapezzahn

d) Hohlzahn

18.
Für welche Materialien eignen sich die einzelnen Zahnformen besonders?

a) für Längsschnitte an Vollholz und für den Spanplattenzuschnitt,

b) für Querschnitte am Vollholz und für furnierte Spanplatten,

c) für beschichtete Spanplatten,

d) für furnierte Tischlerplatten.

19.
Warum müssen Verbundkreissägeblätter nicht geschränkt werden?

Da die Schneidplättchen immer breiter als das Stammblatt sind, schneiden sie sich selbst frei.

20.
Welche Vor- und Nachteile haben Verbundkreissägeblätter gegenüber einteiligen Sägeblättern?

Sie haben eine höhere Standzeit und erzielen eine bessere Schnittqualität. Sie sind in der Anschaffung allerdings teurer und müssen i. d. R. von Spezialfirmen geschärft werden. Sie erfordern darüber hinaus einen sorgfältigen Umgang, um die spröden Hartmetallplättchen vor Stößen und Rißbildung zu schützen.

21.
Welcher Zusammenhang besteht zwischen der Härte des zu bearbeitenden Materials und der geeigneten Keilwinkelgröße?

Je härter das zu bearbeitende Material, desto größer muß der Keilwinkel sein (45° = klein, 60° = groß).

22.
Beurteilen Sie, ob das abgebildete Sägeblatt rückschlagsicher ist oder nicht!

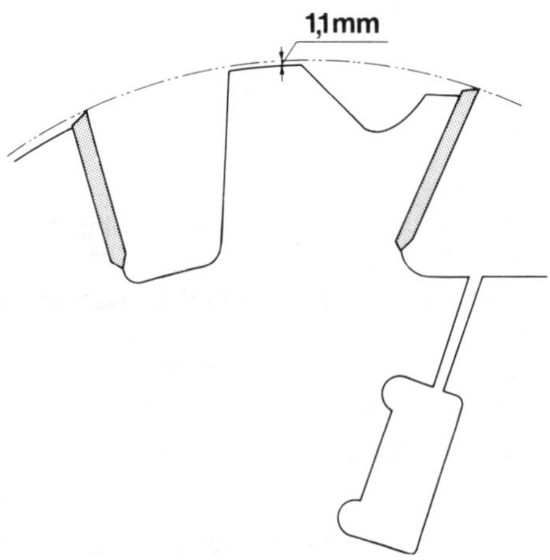

Das abgebildete Sägeblatt ist rückschlagarm, weil zwischen Messerflugkreis und Abweisersteg nur ein Abstand von 1,1 mm besteht.

23.
Welche Aufgabe hat der Einschnitt in dem abgebildeten Sägeblatt?

Er dient zur Entspannung des Sägeblattes bei der Entstehung von Wärme durch Reibung.

24.
Welche Aufgabe hat der Spaltkeil an der Tischkreissäge zu erfüllen?

Er verhindert das Einklemmen des Werkstückes und damit das gefährliche Zurückschleudern.

25.
Ist eine Spaltkeilausführung ausreichend für eine Tischkreissäge?

Nicht unbedingt, denn die Dicke des Spaltkeils richtet sich nach dem verwendeten Kreissägeblatt. Bei Verwendung mehrerer Sägeblätter mit unterschiedlicher Dicke ist auch die Verwendung abgestimmter Spaltkeile notwendig. Denn es gilt zu beachten, daß der Spaltkeil nicht dicker als die Schnittfugenbreite und nicht dünner als das Stammblatt sein darf.

26.
Wie ist die Einstellung des Spaltkeils vorzunehmen?

Der höchste Punkt soll etwa 2 mm tiefer als die höchste Zahnspitze eingestellt sein. Der Abstand von dem Schneidenflugkreis soll 10 mm betragen.

27.
Darf der Spaltkeil bei Arbeiten entfernt werden?

Im Prinzip nicht. Für Einschnittarbeiten ist eine Ausnahme zugelassen, wenn ein Queranschlag zur Sicherheit gegen die Rückschlaggefahr verwendet wird.

***28.**
Wann ist eine Schutzhaube notwendig, die nicht am Spaltkeil befestigt ist?

Ab Baujahr 1980 gilt, daß ab einem Sägeblattdurchmesser von mehr als 250 mm eine Schutzhaube getrennt befestigt sein muß. Unter 250 mm darf die Schutzverdeckung noch am Spaltkeil befestigt sein.

29.
Wie kann eine schlechte Schnittkantenqualität an der Oberseite von (vor allem beschichteten) Platten verbessert werden?

Indem man das Sägeblatt höher stellt und den Sägeblattüberstand damit vergrößert und/oder einen größeren Sägeblattdurchmesser und/oder ein Sägeblatt mit einem größeren Spanwinkel wählt.

30.
Wie kann eine schlechte Schnittqualität an der Unterkante eines Plattenwerkstoffes verbessert werden?

Indem man die entgegengesetzten Maßnahmen wie oben beschrieben anwendet. Denn mit zunehmendem Sägeblattüberstand wird die obere Kante besser und die untere schlechter.

Die besten Ergebnisse sind allerdings mit einem Vorritzer zu erzielen. Die Verwendung von Zulagen und Klebestreifen können auch Verbesserungen bringen.

31.
Welche Zusatzeinrichtung ist zu verwenden, wenn kurze Abfallstücke beim Sägen anfallen?

Ein Abweiskeil, damit das Sägeblatt diese Stücke nicht erfassen und zurückschleudern kann.

32.
Welche Sicherheitsvorkehrung ist beim Zuschnitt schmaler Werkstücke (b < 120 mm) zu verwenden?

Ein Schiebestock.

33.
Worauf ist zu achten, wenn Werkstücke an der Tischkreissäge gefälzt werden?

Beim zweiten Schnitt muß die ausgefälzte Leiste links vom Sägeblatt abfallen, damit das verbleibende Werkstück nicht verkantet und verklemmt.

34.
Welche Arbeiten können an einer Abrichthobelmaschine (Abrichte) ausgeführt werden?

An der Abrichte werden an Vollholz die Flächen plan gehobelt (abgerichtet), bevor sie in der Dickenhobelmaschine weiterbearbeitet werden. Die Maschine dient weiterhin zum Anstoßen der Winkelkanten, der Herstellung von Fälzen, Schmiegen und Kehlungen.

35.
Aus welchen wesentlichen Teilen besteht die Abrichte?

Sie besteht im wesentlichen aus der Messerwelle mit fest installierter Messerwellenabdeckung (Gliederklappenschutz oder Schwenkschutz), dem jeweils höhenverstellbaren Aufgabe- und Abnahmetisch, einem (schräg verstellbaren) Fügeanschlag und einer Halterung für die Fügeleiste.

36.
Worin unterscheidet sich die formschlüssige von der kraftschlüssigen Befestigung des Streifenhobelmessers?

Bei der formschlüssigen Befestigung bewirkt die Keilform der Druckleiste, daß die Fliehkräfte der rotierenden Messerwelle die Messer andrücken.

37.
Wie hoch darf der Schneidenüberstand der Streifenhobelmesser höchstens sein?

1,1 mm.

38.
Auf welcher Tischseite muß beim Zuführen des Werkstücks der größere Druck senkrecht auf das Werkstück ausgeübt werden?

Hinter der Messerwelle auf der Seite des Abnahmetisches unter Berücksichtigung der Tatsache, daß auch eine sichere Auflage gewährleistet ist.

39.
Welche Schutzvorkehrungen sind zu verwenden, wenn eine Leiste von 24 x 60 mm abgerichtet werden soll?

Der Fügeanschlag ist für die Leiste zu hoch, deshalb ist zur besseren Führung ein niedrigerer Hilfsanschlag vor dem Fügeanschlag zu installieren.

40.
Bei welchen Werkstücken ist mit einer erhöhten Rückschlaggefahr zu rechnen?

Vor allem bei kleinen Werkstücken. Hier ist die Zuführlade zu verwenden.

41.
Welche maschinelle Vorrichtung muß vorhanden sein, um unterschiedlich dicke Werkstücke gleichzeitig hobeln zu können?

Eine Gliedereinzugswalze.

42.
Nennen Sie einige Arten von Fräsmaschinen!

Tischfräsmaschine, Oberfräs-, Kettenfräs-, Zinkenfräs-, Kantenfräsmaschine und Doppelendprofiliermaschine.

43.
Nennen Sie die wichtigsten Arbeiten, die an der Tischfräsmaschine ausgeführt werden!

Die wichtigsten Arbeiten sind: Nuten, Fälzen, Profilieren, Schlitz- und Zapfenschneiden, Einsetzfräsen und Fräsen geschweifter Werkstücke.

***44.**
Welche Vorteile haben schwenkbare Frässpindeln gegenüber nicht schwenkbaren?

Ihre Vorteile sind:

- Für ein gleiches Werkstückprofil wird ein Werkzeug mit geringerer Profiltiefe und kleinerem Nenndurchmesser benötigt (Materialersparnis).

- Im Werkzeugprofil treten geringere Differenzen in der Schnittgeschwindigkeit auf, was sich wiederum positiv auf die gleichmäßige Oberflächengüte auswirkt.

45.
Welche Systeme werden bei Fräswerkzeugen unterschieden?

Es werden unterschieden:
- einteilige Werkzeuge,
- Verbundwerkzeuge mit Hartmetallschneiden,
- zusammengesetzte Werkzeuge mit Wendemesser,
- Systemwerkzeuge, die verschiedene Arbeitsgänge an einem Stück ausführen können.

46.
Welche Werkzeuge sind für den Handvorschub zugelassen?

Nur solche mit dem Aufdruck „BG-TEST“.

47.
Welche Vorschubart ist zugelassen, wenn auf dem Werkzeug der Aufdruck „BG-FORM“ zu finden ist?

Ab Baujahr 1986 entfällt dieser Aufdruck; es ist in beiden Fällen nur ein mechanischer Vorschub zugelassen.

48.
Welche Arbeiten können mit einer Oberfräse ausgeführt werden?

Oberfräsen dienen vorwiegend zur Profilierung von Flächen und der Herstellung von Ausnehmungen (Griffmulden), zum Einlassen von Beschlägen und Ausschnittsarbeiten wie Nuten, Graten, Fälzen.

49.
Welche Arbeiten werden mit der Kettenfräse ausgeführt?

Hiermit werden vorwiegend Stemmlöcher für Zapfen und Schloßkästen ausgenommen.

50.
An welcher Maschine können ebenfalls Zapfen- und Schloßkastenlöcher hergestellt werden?

An der Langlochbohrmaschine.

7 Möbelbau

7.1 Möbelbauarten

1.
In welche Bauarten lassen sich Möbelkonstruktionen grundsätzlich unterscheiden?
Möbelkonstruktionen lassen sich grundsätzlich in Brett-, Stollen-, Rahmen- und Plattenbauweise unterscheiden.

2.
Welche Konstruktionsmerkmale zeichnen die Brettbauweise aus?
Bei dieser Bauweise wird überwiegend Massivholz verarbeitet. Die rechte Seite des Holzes wird nach außen angeordnet, damit die Fugen geschlossen bleiben.

3.
Welche Holzverbindungen eignen sich besonders für diese Bauweise?
Die Eigenschaften des Massivholzes berücksichtigend, eignen sich vor allem gezinkte, gefederte, gezapfte und verkeilte Holzverbindungen.

4.
Welche Flächenverbindungen eignen sich für die Brettbauweise?
Verbindungen mit gedübelten oder gefederten Fugen, gespundete Fugen oder die stumpfe Leimfuge.

5.
Welche Konstruktionsmerkmale kennzeichnen die Stollenbauweise?
Bei der Stollenbauweise dienen die Stollen gleichzeitig als tragende Posten. Ein Gestell wie bei der Rahmen- oder Plattenbauweise entfällt hierbei.

6.
Welche Konstruktionsmerkmale kennzeichnen die Rahmenbauweise?

Das prägende Stilelement ist der Rahmen, der eine Füllung umschließt. Für die Füllung können außer Holz und Holzwerkstoffen noch eine Vielzahl von anderen Werkstoffen verwendet werden. Die Rahmenbauweise entwickelte sich aus der Brettbauweise. Mit dieser Konstruktionsart wird eine höhere Formbeständigkeit erzielt und Material eingespart. Für diese Bauart wird ein Unterbau benötigt. Den oberen Abschluß bildet ggf. ein Gesims (vgl. historische Möbel in Rahmenbauweise).

7.
Welche Holzverbindungen eignen sich besonders für die Rahmenfriese?

Die Eckverbindungen können geschlitzt und gezapft, gestemmt verzapft und ggf. verkeilt oder gedübelt werden.

8.
Worauf ist bei der Oberflächenbehandlung der Rahmenkonstruktion zu achten?

Behandelt man die Füllung nicht vor dem Einstäben, können nach einem Schwinden des Holzes Randstreifen sichtbar werden.

9.
Worauf ist bei der Holzauswahl für die Rahmenfriese zu achten?

Das Holz für die Rahmenfriese soll stehende Jahresringe aufweisen. Einerseits wird damit die Formstabilität des Rahmens garantiert, andererseits bildet die schlichte Maserung einen guten Kontrast zu der dekorativ gestalteten Füllung.

10.
Warum hat sich die Plattenbauweise im Möbelbau so stark durchgesetzt?

- Formbeständige und große Flächen lassen sich leichter herstellen.
- Verbindungen mit Dübeln oder Federn sind rationell.

- Plattenwerkstoffe lassen in Verbindung mit vielseitigen Beschichtungsmöglichkeiten die Herstellung preiswerter Möbel zu.
- Die Möbel sind leichter zerlegbar zu konstruieren.

7.2 Möbelteile

1.
Wie können Drehtüren im Hinblick auf ihre Lage zum Korpus konstruiert werden?

Sie können konstruiert werden als
- einschlagende Türen,
- stumpf aufschlagende Türen,
- überfälzte Türen.

2.
Welche Türarten brauchen keine zusätzliche Staubdichtung?

Der Überschlag an den überfälzten Türen dichtet gegen Staub ab.

3.
Warum soll eine bündige Ausrichtung der Tür zum Korpus vermieden werden?

Herstellungsbedingte Ungenauigkeiten und das Arbeiten des Holzes würden ein Verspringen der Kante deutlicher bemerken lassen als z. B. bei einschlagenden Türen.

4.
Wie kann man trotzdem dieses Problem bei bündigen Fugen lösen?

Indem man die Fugen anfast oder eine Schattennut von mind. 4 mm Breite vorsieht.

5.
Welche Türbeschläge werden für Drehtüren verwendet?

Hänger, Scharniere, Topfbänder, Zapfenbänder, Einbohrbänder, Fitschenbänder, Einbohr-Zylinderscharniere (VICI und

SEPA-Bänder) und eine Reihe von Spezialscharnieren, z. B. Haarfugenscharniere.

6.
Welche Bänder können für überfälzte Türen verwendet werden?

Hänge mit Kröpfung D, Einbohrbänder, Fitschenbänder und verdeckte Scharniere.

7.
Wie groß ist die gängige Falztiefe bei gekröpften Möbelbändern?

7,5 mm.

8.
Was bedeuten die einzelnen Angaben in folgender Bezeichnung eines Möbelbandes?

Häng DIN 81 402 – DR 50 – Ms – P

Häng	Hänge (Zylinderband)
DIN 81 402	Herstellungsnorm
DR	Kröpfung D für Rechtsflügel
Ms	Messingausführung
P	poliert

9.
Welche Bänder sind in der Möbelfront nicht sichtbar?

Zapfenbänder, verdeckte Scharniere und Topfbänder bzw. Spezialscharniere.

10.
Die Anzahl der Türbeschläge ist vom Gewicht der Tür abhängig. Wann müssen für eine 500 mm breite und 9 mm starke Spanplattentür drei Bänder vorgesehen werden?

Ab einer Höhe von 900 mm.

11.
Welchen Vor- und Nachteil hat eine Schiebetür gegenüber einer Drehtür?

Vorteil: Sie benötigt keinen Platz vor dem Schrank für den Drehbereich.

Nachteil: Nur eine Seite des Schrankes läßt sich jeweils öffnen.

12.
Wie werden Schiebetüren unterschieden?

Nach der Führungsart: gleitend oder rollend.

Nach der Führungsposition: unten oder oben geführt.

Nach der Lage zum Korpus: im Korpus oder vor dem Korpus laufende Schiebetüren.

13.
Wie kann die Staubdichtung bei Schiebetüren ausgeführt werden?

Seitlich durch die Ausbildung einer Nut(-leiste) und zwischen den Türen durch eine Bürstendichtung oder Keilleisten.

14.
Welche Schiebetüren verkanten beim Laufen leicht?

Schwere Türen, die nur gleitend gelagert sind, und solche, die sehr schlank und hochformatig sind.

15.
Welche Klappenarten werden unterschieden?

Hängende, stehende und liegende Klappen.

16.
Wie können hängende Klappen zusätzlich gesichert werden?

Der Handel bietet eine Reihe von Bremsklappenhalterungen von einfachen Scherenhalterungen bis zu hydraulisch gefederten Teleskopschienen an, die auf das Gewicht der Klappe abgestimmt sind und eine Feinregulierung zulassen.

17.
Worauf ist bei der Auswahl der Bänder zu achten, wenn Zylinderbänder für den Klappenanschlag verwendet werden sollen?

Damit die Klappe nicht aus den Bändern rutschen kann, werden ein Links- und ein Rechtsband verwendet.

18.
Aus welchen Einzelteilen besteht ein Schubkasten?

Er besteht aus dem Vorderstück (ggf. mit Aufdoppelung), den beiden Seiten, dem Hinterstück und dem Schubkastenboden.

19.
Warum werden heute für Schubkastenböden kein Vollholz, sondern Hartfaserplatten oder Furniersperrholzplatten verwendet?

Die Holzwerkstoffe haben ein besseres Stehvermögen, benötigen keine Luft in der Führungsnut und können somit zur Aussteifung des Schubkastenrahmens herangezogen werden.

20.
Welche Arten von Eckverbindungen eignen sich für Vollholz?

Gezinkte, gedübelte oder gefederte Eckverbindungen.

21.
Worauf ist bei der Zinkeneinteilung zu achten?

Die Zinkeneinteilung muß so vorgenommen werden, daß die Nut für den Boden im unteren Schwalbenschwanz verläuft.

22.
Warum ist in der handwerklichen Fertigung das Schubkastenhinterstück niedriger als die Seitenteile?

Damit es nicht am Gehäuse schleift und es beim Schließen des Schubkastens nicht zu einem Luftstau kommen kann.

23.
Wie kann ein Schubladen zum Korpus verlaufen?

Er kann einschlagen (selten vorspringen) und stumpf aufschlagen. Ein bündiger Verlauf zum Korpus sollte wegen der bei den Drehtüren schon angesprochenen Schwierigkeiten vermieden werden.

24.
Nennen Sie einige Möglichkeiten der Schubkastenführung!

Die klassische Schubkastenführung, die aufgehängte Führung durch Nut- bzw. Falzleisten und die mechanische Schubkastenführung.

25.
Beschreiben Sie die klassische Schubkastenführung!

Die klassische Schubkastenführung besteht aus Lauf-, Streif- und Kippleiste. Als Laufleiste kann z. B. ein Zwischenboden oder eine Traverse dienen. Die Streifleiste geht in der Höhe bis zur Oberkante des Schubkastenbodens und hat eine Tiefe von ungefähr $^2/_3$ der Schubkastenlänge. Die Kippleiste ist zur Verringerung der Reibung genauso lang.

26.
Welche Führungsart läßt den Auszug der gesamten Länge des Schubkastens zu?

Die mechanische Führung als Teleskopauszug.

27.
Worauf ist zu achten, wenn Schubkästen hinter Türen angeordnet werden?

Wenn die Tür um 90° geöffnet ist, muß der Schubkasten ohne zu schleifen an der Tür vorbeigezogen werden können.

28.
Was bezeichnet man in der Möbelgestaltung als „goldenen Schnitt"?

Der goldene Schnitt ist ein Verhältnis von Streckenabschnitten zueinander, welches als angenehm empfunden wird und in der Natur häufig vorkommt. Wird eine Gesamtstrecke aufgeteilt, so verhält sich die längere Strecke (Major) zu kürzeren (Minor) wie der Major zur Gesamtstrecke. Im Möbelbau kann der goldene Schnitt zum Entwurf von Seitenverhältnissen herangezogen werden. So ergibt sich bei gegebenem Minor der Major durch die Multiplikation mit einem Faktor von ungefähr 1,6 und der Minor bei gegebenem Major durch die Multiplikation mit einem Faktor von rd. 0,6.

7.3 Stilkunde

1.
Wie lautet die richtige zeitliche Reihenfolge folgender Stilepochen?

a) Gotik, b) Barock, c) Klassizismus, d) Rokoko, e) Romanik, f) Renaissance, g) Jugendstil, h) Bauhaus, i) Biedermeier.

e – a – f – b – d – c – i – g – h.

2.
Welche Holzverbindung wurde bei Truhen aus der Romanik angewendet?

Die stumpf aneinandergelegten Bretter (Brettbauweise) wurden durch schmiedeeiserne Bänder zusammengehalten.

3.
Welche neue Möbelbauweise und neue Holzverbindungen brachte die Gotik?

Die materialsparende Rahmenbauweise ersetzte zunehmend die Brettbauweise. Neue Holzverbindungen waren: Zinken, Zapfen, Grate, Federn und Spunde.

4.
Welcher Epoche ist der Fassadenschrank zuzuordnen?

Der Renaissance.

5.
In welcher Epoche wirkte der französische Kunstschreiner (Ebenist) André-Charles Boulle?

In der Barockzeit. Er lebte von 1642 bis 1732.

6.
Welche Arbeiten machten ihn so berühmt?

Marketerie- bzw. Einlegearbeiten unter Verwendung hochwertiger Materialien wie: Ebenholz, Elfenbein, rotgefärbtes Schildplatt, Horn, Perlmutt, Kupfer und Zinn.

7.
Wer stellte die berühmten Verwandlungstische her?

Abraham Roentgen (1711–1793) und sein Sohn David Roentgen (1743–1804).

8.
Was ist ein Schapp?

Ein in Norddeutschland verwendeter Ausdruck für einen Dielenschrank aus dem Barock. Er diente wohlhabenden Bürgern zur Aufbewahrung von Haushaltswäsche und sollte auch repräsentative Ansprüche erfüllen. Dazu dienten reichliche Schnitzereien und nußbaumfurnierte Oberflächen.

9.
Welche Erfindung im Möbelbereich machte Michael Thonet aus Boppard berühmt?

Ihm gelang es 1856 zum ersten Mal, Buchenholz zu biegen und in Form zu halten. Er baute damit zerlegbare Bugholzmöbel, die raumsparend versandt werden konnten.

10.
Welches Möbel wurde über die Grenzen hinaus berühmt?

Der Caféhausstuhl mit der Katalognummer 14.

11.
Welchen Zeitraum umfaßt der Jugendstil?

Von ca. 1900 bis 1914.

12.
Wie wurde Jugendstil in a) Frankreich/Belgien, b) England/Schottland, c) Österreich, d) Holland, bezeichnet?

a) Art Nouveau, b) Modern Style, c) Sezessionsstil, d) De Stijl.

13.
Wie hießen führende Vertreter des Jugendstils in a) Frankreich, b) Belgien, c) England/Schottland, d) Wien, e) Deutschland?

a) Gallé, Guimard, b) Mackintosh, Ruskin, Morris, c) Horta, d) Wagner, Hoffmann, Loos, e) Olbrich, van der Velde, Riemerschmid, Pankok.

14.
Welche der genannten Stilrichtungen steht mehr für schlichte und funktionale Möbel?

a) Shakerstil, b) Jugendstil, c) Barock?

a) ist richtig.

15.
Welcher Möbelstil zeichnet sich durch eine Betonung der Asymmetrie, stark geschwungenen Linien und floralem Dekor aus?

Der Jugendstil.

16.
In welcher Epoche entstand die Intarsientechnik?

In der Renaissance.

17.
Wie wird die Intarsienarbeit ausgeführt?

Diese Ziertechnik ist eine Einlegearbeit, wobei die Ornamente und Muster aus Furnierteilen in entsprechende Vertiefungen der Vollholzoberfläche eingelegt und beigeschliffen werden.

18.
Welcher Unterschied besteht zwischen Marketerie- und Intarsientechnik?

Bei der Marketerie liegt das gesamte Schmuckbild auf der Vollholzoberfläche auf.

8 Oberflächenbehandlung

1.
Welche Aufgabe hat die Oberflächenbehandlung von Holz?

Eine sinnvolle Behandlung der Oberfläche des Holzes kann die Abriebfestigkeit erhöhen, gegen Wasser, Chemikalien und Schmutz schützen, die Oberfläche verschönern und verfärben und eine Farbveränderung durch ultraviolette Strahlung verhindern. Ebenfalls wird das Stehvermögen des Holzes verbessert.

2.
Warum muß das Holz in den meisten Fällen noch geschliffen werden?

Durch diesen Arbeitsgang wird die Fläche geebnet und die notwendige Glätte für anspruchsvolle Oberflächen erzielt.

3.
Warum soll vor allem beim Endschliff nur mit mäßigem Druck und scharfem Schleifpapier geschliffen werden?

Damit die Fasern abgetrennt und nicht in die Poren gedrückt werden. Bei einer weiteren Behandlung der Fläche könnten sie sich sonst wieder aufrichten.

4.
Welchen Zweck hat das Wässern der Holzoberfläche?

Durch das Wässern werden die niedergedrückten Holzfasern wieder aufgerichtet; sie können durch den anschließenden Schleifvorgang abgetrennt werden.

5.
Vor welcher weiteren Behandlung sollte die Holzoberfläche unbedingt gewässert werden?

Wenn anschließend gebeizt werden soll.

6.
Warum sollen harzhaltige Hölzer entharzt werden?

Damit die Beize gleichmäßig vom Holz angenommen wird und verhindert wird, daß auslaufendes Harz Flecken verursacht. Harzgallen müssen herausgetrennt und die Stellen ausgebessert werden.

7.
Warum muß Tannenholz nicht entharzt werden?

Tannenholz besitzt keine Harzkanäle.

8.
Welche Mittel werden zum Entharzen verwendet?

Verwendet werden Kern-, Schmier- oder Holzseife, Pottasche, Soda oder Salmiakgeist. Des weiteren können Lösungsmittel wie Aceton, Reinigungsbenzin oder Terpentinöl verwendet werden.

9.
Warum sollte nach dem Entharzen nicht mehr geschliffen werden?

Weil die Tiefenwirkung der Entharzungsmittel nur sehr gering ist. Die Oberfläche sollte deshalb vor diesem Arbeitsgang den notwendigen Endschliff erhalten.

10.
Wie können Leimdurchschläge von Weißleim (PVAc-Leim) entfernt werden?

Da Weißleim Wasser als Lösungsmittel enthält, kann man ihn im frischen Zustand mit evtl. warmem Wasser ausbürsten. Im abgebundenen Zustand muß ein Lösungsmittel wie Aceton verwendet werden.

11.
Wie können Leimdurchschläge von Kondensationsharzleimen entfernt werden?

Leimdurchschläge von diesen Leimen können nicht mehr entfernt werden, weil der Leim chemisch abgebunden hat. Sind Leimdurchschläge zu erwarten, sind sie durch (evtl. eingefärbte) Füllmittel zu vermeiden.

12.
Aus welchen Gründen wird die Holzoberfläche manchmal gebleicht?

Durch das Bleichen wird das Holz aufgehellt. Es ist eine Geschmacksfrage, ob dies erwünscht ist oder nicht. Eine Holzart mit unterschiedlichen Farbtönen kann im Farbton angeglichen und zusammen verarbeitet werden. Flecken und Streifen können beseitigt oder unauffälliger gemacht werden. Vor allem in der Serienfertigung gewährleistet man durch diesen Arbeitsvorgang einen gleichmäßig ausfallenden Beizton.

13.
Welche Mittel können zum Bleichen verwendet werden?

Bleichmittel, die durch Sauerstoffentzug (chemische Reduktion) wirken, sind: Zitronensäure, Oxalsäure und Kleesalz. Bleichmittel, die durch Sauerstoffzufuhr (chemische Oxidation) wirken, sind: Wasserstoffperoxid, weiterhin Cyanex und Chlorlauge.

14.
Welche Bleichmittel eignen sich für gerbstoffhaltige Hölzer wie Eiche, Nußbaum u. a.?

Vor allem Zitronensäure, aber auch andere Mittel (s. o.), die durch chemische Reduktion wirken. Zitronensäure ist aber vorzuziehen, weil sie im Vergleich zu den anderen Mitteln ungiftig ist.

15.
Welche Bleichmittel eignen sich für gerbstoffarme Hölzer wie Ahorn, Kirschbaum, Birke, Kiefer u. a.?

Hierfür eignen sich Wasserstoffperoxid und Cyanex.

***16.**
Worauf beruht die Bleichwirkung von Wasserstoffperoxid?

Wasserstoffperoxid zerfällt bei Einwirkung von Licht, Wärme, Salmiakgeist oder anderen Neutralisierungsmitteln und bei Kontakt mit Metallen in Wasser und Sauerstoff. Der abgespaltene Sauerstoff verursacht die Aufhellung der Holzfaser.

17.
Mit welchem Stoff wird Wasserstoffperoxid „aktiviert"?
Mit ca. 10 % Salmiakgeist, der nach Bedarf mit Wasser verdünnt werden kann.

18.
Beschreiben Sie die unterschiedlichen handwerklichen Auftragsverfahren beim Bleichen!

Hierbei unterscheidet man das Untermischverfahren und das getrennte Verfahren.

Beim Untermischverfahren wird der Salmiakgeist dem Wasserstoffperoxid im Arbeitsbehälter untergemischt und sofort auf das Werkstück aufgetragen.

Beim getrennten Verfahren werden die Werkstücke zunächst mit Wasserstoffperoxid benetzt; danach wird der Salmiakgeist auf die nasse Fläche aufgebracht.

19.
In welcher Zeitspanne muß das Bleichmittel verarbeitet werden?

In einer Zeit von etwa 30 Minuten.

20.
Unter welchen Voraussetzungen wird das getrennte Auftragsverfahren angewendet?

Bei einem größeren Arbeitsumfang, wenn die angesetzte Menge nicht in 30 Minuten verarbeitet werden kann.

21.
Nach welcher Zeitspanne können gebleichte Werkstücke weiterbearbeitet werden?

Nach ca. 12 Stunden, wenn der chemische Prozeß beendet ist.

22.
Welche Lacke können auf einer mit Wasserstoffperoxid gebleichten Fläche nicht verwendet werden?

Polyurethanlacke (DD-Lacke) und säurehärtende Lacke.
Polyesterlacke eignen sich nur, wenn beim Bleichen kein Salmiakgeist verwendet wurde.

23.
Warum dürfen keine Metallbehälter und Pinsel mit Metallzwingen bei der Verarbeitung von Wasserstoffperoxid verwendet werden?

Weil Metalle die Zersetzung des Wasserstoffperoxids beschleunigen und somit die Bleichwirkung für das Holz verringert wird.

24.
Welche Arbeitshinweise und Vorsichtsmaßnahmen sind im Umgang mit Wasserstoffperoxid zu beachten?

Das Bleichmittel ist ätzend, deshalb müssen Handschuhe und Schutzbrille getragen werden. Das gilt ebenfalls für die anderen oben angesprochenen Bleichmittel. Wasserstoffperoxid wird handelsüblich in Plastikflaschen abgefüllt. Diese sind gut verschlossen, kühl und dunkel zu lagern.

25.
Welche Beizarten können grundsätzlich unterschieden werden?

Beizen kann man in folgende Arten unterscheiden:

- Farbstoffbeizen,
- Substratbeizen,
- Kombinationsbeizen,
- chemische Beizen.

26.
Wie können Farbstoffbeizen im Hinblick auf ihr Lösungsmittel weiter unterteilt werden?

Im Hinblick auf die unterschiedlichen Lösungsmittel werden Farbstoffbeizen in folgende Gruppen unterteilt:

- Wasserbeizen,
- Spiritusbeizen,
- Ölbeizen,
- Bleichbeizen.

Daneben gibt es noch eine Reihe anderer Farbstoffbeizen, die auf besondere Holzarten bzw. Arbeitsmethoden abgestimmt sind wie Hartholz-, Antik-, Rustikal-, Nebel-, Tauchbeizen u. a.

27.
Auf welcher Wirkungsweise beruht die Verfärbung der Holzfaser durch Farbstoffbeizen?

Die Färbung des Holzes erfolgt durch eine Tränkung der Holzfaser, wobei die Farbstoffe in der Faser eingelagert werden. Der Vorgang ist folglich ein physikalischer und kein chemischer.

28.
Welche Vorteile haben lösungsmittelhaltige Beizen gegenüber Wasserbeizen?

Lösungsmittelhaltige Beizen rauhen die Holzoberfläche nicht auf und sind schneller trocken.

29.
Für welche Holzarten eignen sich Substratbeizen besonders gut?

Diese Beizen eignen sich besonders für porige, die Beize schlecht annehmende Holzarten wie z. B. Teakholz.

30.
Welche Farbwirkung erzielen Wasserbeizen auf Nadelhölzern?

Sie bewirken ein negatives Beizbild. Die härtere Spätholzzone, die sonst dunkler ist, erscheint nach dem Beizen heller, weil sie weniger Beize aufgenommen hat als die weichere Frühjahreszone.

31.
Welche Beize muß man verwenden, um die natürliche Textur des Nadelholzes (positives Beizbild) hervorzuheben)?

Um ein positives Beizbild bei Nadelhölzern zu erzielen, verwendet man Doppelbeizen (chemische Beizen) oder Einkomponenten-Beizen, sogenannte Positiv-Fertigbeizen.

32.
Wie findet die Verfärbung der Holzfaser bei der Doppelbeize statt?

Wie der Name schon sagt, werden bei der Doppelbeize zwei chemisch unterschiedlich zusammengesetzte Flüssigkeiten –

die Vor- und die Nachbeize – aufgetragen. Weil die Färbung in der Holzfaser durch eine chemische Reaktion hervorgerufen wird, gehört diese Beize zu den chemischen Beizen. Im ersten Arbeitsgang wird die Vorbeize aufgetragen. Sie besteht aus Gerbstoffen oder gerbstoffähnlichen Stoffen. Im zweiten Arbeitsgang wird die Nachbeize aufgetragen, die mit der Vorbeize chemisch reagiert und die Verfärbung bewirkt.

***33.**
Welche Stoffe werden als Vorbeize verwendet?

Pyrogallol, Tannin, Katechu und Brenzkatechin.

***34.**
Welche Stoffe werden als Nachbeize verwendet?

Hierfür werden Metallsalze wie Kaliumdichromat, Kupferchlorid, Kupfersulfat, Eisenchlorid und Kobaltsulfat verwendet. Die verwendeten Stoffe sind giftig. Der Nachbeize wird i. d. R. Salmiakgeist zugegeben, um die Farbbildung zu beschleunigen.

35.
Wie findet die Verfärbung der Holzfaser bei Kombinationsbeizen statt?

Diese Beizen setzen sich aus Farbstoffbeizen und chemischen Einkomponenten-Beizen zusammen. Ihre Farbwirkung erzielen sie deshalb durch eine physikalische Einlagerung von Farbstoffen und durch eine chemische Reaktion in der Holzfaser.

36.
Welche Beizen gehören zu den Kombinationsbeizen?

Hierzu gehören: Räucherbeizen, Wachs- und Metallsalzbeizen.

37.
Für welche Holzarten können Kombinationsbeizen nur verwendet werden?

Sie können wegen des Anteils an Einkomponenten-Beizen nur für gerbstoffhaltige Hölzer verwendet werden.

38.
Zu welcher Gruppe gehören die sogenannten Kratzfest-Beizen (KF-Beizen)?

Sie gehören zu den Dispersionsbeizen.

39.
Welchen Vorteil haben Dispersionsbeizen für die weitere Oberflächenbehandlung?

Sie füllen die Poren gut und sparen bzw. ersetzen die Grundierung. Sie trocknen schneller als Wasserbeizen und rauhen die Oberflächen nicht auf.

40.
Was versteht man unter Räuchern der Holzoberfläche?

Räuchern ist ein spezielles Beizverfahren für Eichenholz, wobei Salmiakgeistdämpfe eine Verbindung mit der Gerbsäure des Eichenholzes eingehen und dabei die Oberfläche färben. Die Einwirkung der Dämpfe erfolgt in einer luftdichten Räucherkammer zwischen 6 bis 12 Stunden, je nach gewünschtem Farbton. Der gleiche Effekt läßt sich aber auch mit Räucherbeizen erzielen.

41.
Welche Auftragsmethoden gibt es für Beizen?

Es gibt das Hand-, Spritz-, Tauch- und Walzauftragsverfahren.

42.
Warum soll bei stehend zu beizenden Flächen stets von unten mit der Arbeit angefangen werden?

Dadurch wird vermieden, daß sich Flecken und Tropfnasen auf den noch trockenen Flächen bilden.

43.
Wie kann man die dunklere Tönung von Hirnholzflächen vermeiden bzw. abschwächen?

Unmittelbar vor dem Beizen wird die Hirnholzfläche gewässert, wobei dem Wasser eine Kochsalzlösung zugegeben wird.

44.
Beschreiben Sie das Handauftragsverfahren!

Die Beize wird gleichmäßig mit einem Flachpinsel oder Schwamm in Faserrichtung aufgetragen und quer zur Faserrichtung verteilt. Nach einer kurzen Einwirkzeit wird die überflüssige Beize zunächst quer und dann zum Schluß längs der Faser in einem Zug abgenommen.

***45.**
Warum kann es zwischen dem gebeizten Probestück und dem Werkstück zu unterschiedlichen Beiztönen kommen?

Um diese unliebsamen Überraschungen zu vermeiden, sollte man sich die Einflüsse vor Augen halten, die die Farbwirkung der Holzoberfläche beeinflussen. Die Farbwirkung hängt ab von dem Grad der Vorbehandlung der Oberfläche, der Saugfähigkeit des Holzes, den Inhaltsstoffen, der Beizmenge und der Einwirkzeit, um nur die wichtigsten Faktoren zu nennen. Nur wenn diese genannten Faktoren annähernd gleich beim Probestück und beim anschließenden Werkstück sind, ist auch ein gleich ausfallender Beizton zu erwarten.

46.
Welche Aufgabe kann eine Grundierung erfüllen?

Zunächst verringert die Grundierung die Saugfähigkeit des Holzes und trägt zu einer Glättung der Oberfläche bei. Dadurch wird der Verbrauch von Lack verringert. Daneben gibt es eine Reihe von Grundierungen mit besonderen Aufgaben wie UV-Schutz, Absperrung gegen schädliche Holzinhaltsstoffe vor allem bei Exotenhölzern oder als Haftbrücke zwischen Holz und Lack.

47.
Welche Grundierungsarten sind im Handel?

Schnellschliffgrund, Haft- und Isoliergrund, Einlaßgrund, Füllschliffgrund u. a.

48.
Welche Vorteile weist der Schnellschliffgrund auf?

Der Schnellschliffgrund glättet den Untergrund sehr gut, er trocknet schnell, ist gut schleifbar und verringert den Verbrauch des anschließenden Lackes.

49.
Warum sollte die Auftragsmenge bei der NC-Grundierung auf 200 g/m³ beschränkt sein?

Da sonst die Holzstruktur und Holzfarbe verschleiert würden.

50.
Welche Grundierungen eignen sich besonders für exotische Hölzer?

Hierfür eignen sich besonders Haft- und Isoliergrundierungen aus verdünnten Polyurethanlacken (PUR-Lacke).

51.
Welchen Vorteil hat die Grundierung auf PUR-Basis gegenüber der auf NC-Basis?

Die Grundierung auf PUR-Basis wird beim Lackauftrag nicht wieder angelöst.

52.
Für welche Holzarten eignet sich keine NC-Grundierung?

Für exotische Hölzer.

53.
Warum ist ein zweimaliger Auftrag von NC-Lacken mit dem Pinsel nicht zu empfehlen?

Der zweite Lackauftrag löst den ersten wieder an. Dies führt zu einer Behinderung des Arbeitsablaufes und zu einer ungleichmäßigen Oberfläche.

54.
Nach welchen Gesichtspunkten können Lacke unterschieden werden?

Sie können unterschieden werden nach:

- den Festkörperbestandteilen (Bindemittel), z. B. Nitrocelluloselack (NC-Lack), säurehärtender Lack (SH-Lack), Polyurethanlack (PUR-Lack),
- der Art des Lösungsmittels, z. B. NC-Lack, Schellack, Lasuren,
- dem Auftragsverfahren, z. B. Streich-, Spritz- oder Gießlack,
- der Reihenfolge des Lackaufbaus, z. B. Grundierungs- Überzugs-, Einschichtlack,
- der Art des Oberflächeneffektes, z. B. Mattlack, hochglänzender Lack,
- der Art des Abbindevorgangs, z. B. Lösungsmittellack und Reaktionsharzlack.

55.
Nennen Sie mind. 4 lösungsmittelhaltige Lacke!

Hierzu gehören Nitrocelluloselack, Schellack, Lasuren, Wachslösungen u. a.

56.
Nennen Sie 3 Reaktionsharzlacke!

Hierzu gehören säurehärtende Lacke (SH-Lacke), Polyurethanlacke (PUR-Lacke) und Polyester-Lacke (UP-Lacke).

57.
Was ist ein DD-Lack?

Der DD-Lack ist die gebräuchliche Bezeichnung des Polyurethanlackes. Der Name bezieht sich auf die Abkürzungen des Stammlackes Desmophen und des Härterzusatzes Desmodur. Es handelt sich also um einen Zweikomponenten-Lack.

58.
Worin besteht der Unterschied im Abbindevorgang zwischen lösungsmittelhaltigen Lacken und Reaktionsharzlacken?

Lösungsmittelhaltige Lacke härten durch Verdunstung der Lösungsmittel aus. Dieser Vorgang ist physikalisch. Darum spricht man bei diesen Lacken auch von einem physikalischen Härtungsvorgang. Reaktionsharzlacke härten chemisch zu einem nicht mehr löslichen Lackfilm aus.

59.
Welche Eigenschaften zeichnen den NC-Lack aus?

NC-Lacke trocknen schnell und ergeben elegante, matte bis hochglänzende Oberflächen. Ein Überstreichen ist problematisch, da der Lackfilm wieder angelöst wird. Er genügt geringen Beanspruchungen des Möbel- und Innenausbaus. Für härter beanspruchte Flächen ist er nicht geeignet. Sein hoher Lösungsmittelanteil ist der Grund für die in letzter Zeit verstärkten Bestrebungen, ihn durch Wasserlacke zu ersetzen.

60.
Welche Eigenschaften haben Reaktionsharzlacke?

Diese Lacke sind sehr abriebfest, elastisch im Verbund mit der Holzoberfläche, aber trotzdem hart. Sie werden bevorzugt für stark beanspruchte Flächen verwendet.

61.
Woraus besteht ein Polyesterlack?

Ein Polyesterlack besteht aus
- ungesättigten Polyesterharzlacken,
- Härtern aus organischen Peroxiden,
- einer Kobaltverbindung als Beschleuniger,
- Paraffin als Schutz gegen Luftzutritt während der Abbindezeit.

62.
Welche Eigenschaften hat der Polyesterlack?

Er besitzt einen hohen Schutz gegen Chemikalien und mechanische Einflüsse, er ist glashart und sehr porenfüllend.

***63.**
Warum werden zur Grundierung von MDF-Platten gerne Polyesterlacke verwendet?

Wegen des hohen Festkörperanteils sind sie sehr porenfüllend.

64.
Was versteht man unter Schwabbeln im Zusammenhang mit Polyesterlacken?

Das Abtragen der Paraffinschicht mit einer Schwabbelmaschine, was zum Hochglanz der Lackschicht führt.

65.
Warum dürfen Polyester- und NC-Lacke nicht gemeinsam verarbeitet werden?

Hierbei entsteht die Gefahr der Selbstentzündung.

66.
Warum sind Wasserlacke umweltfreundlich?

Sogenannte Wasserlacke sind meist Acrylatdispersionen (Dispersion = schwebend in Wasser gehaltene Kunststoffpartikel) mit kleinen bzw. geringen organischen Lösungsmittelanteilen.

67.
Für welche Anwendungsbereiche können Wasserlacke eingesetzt werden?

Die Lackindustrie hat für fast alle Einsatzbereiche des Tischlers Wasserlacke entwickelt, z. B. auch für sehr beanspruchte Bereiche wie den Fensterbau und die Fußbodenversiegelung. Sie sind pigmentiert (mit Farbstoffen) und unpigmentiert im Handel.

68.
Durch welche Applikationsverfahren können Lacke und Grundierungen aufgebracht werden (applizieren = aufbringen)?

Sie können durch Streichen, Spritzen, Gießen und Walzen aufgebracht werden.

69.
Nennen Sie die wichtigsten Spritzverfahren!

Neben dem Hochdruckspritz- und dem Airless-Spritzverfahren wird vor allem im Fensterbau das Elektrostatische Spritzverfahren angewendet.

70.
Warum können im Airless-Spritzverfahren Lufteinschlüsse den Lackfilm nicht beeinträchtigen?

Beim Airless-Spritzverfahren saugt eine Pumpe unter hohem Druck aus dem Lackbehälter den Lack an, der sich beim Austritt aus der Düse entspannt und zerstäubt. Bei diesem Vorgang führt der Lack keine Luft mit.

71.
Welche Vorteile hat das Airless-Spritzverfahren gegenüber dem herkömmlichen Hochdruckspritzverfahren?

Die Nebelwirkung ist beim Airless-Spritzverfahren geringer und, damit zusammenhängend, der Lackverbrauch und Lösungsmittelverlust. Der Lackdurchfluß ist schneller, Lackfilmfehler durch Lufteinschlüsse sind ausgeschlossen. Die Spritzpistole ist auch leichter, weil kein Fließbecher angeschlossen ist.

72.
Bei welchem Spritzverfahren gelangt der Lackfilm in einem Arbeitsgang auch auf die Rückseite der zu bearbeitenden Oberfläche?

Beim Elektrostatischen Spritzverfahren (ESTA-Verfahren).

73.
Nach welchem physikalischen Prinzip funktioniert das ESTA-Spritzverfahren?

Der Lackfilm und das Werkstück werden elektrisch aufgeladen. Da Holz den elektrischen Strom bei höherem Feuchtegehalt besser leitet, wird dieses Verfahren vor allem im Fensterbau angewendet, da beim Fensterholz die Holzfeuchte höher als im Möbelbau ist.

74.
Welchen Vorteil hat das ESTA-Spritzverfahren gegenüber den anderen Spritztechniken?

Durch den „Lackumschlag“ an den Kanten wird an diesen kritischen Stellen ein guter Kantenschutz erzielt. Außerdem ist der Lackverlust sehr gering.

75.
Welche Regeln müssen beim Spritzen beachtet werden?

Die Spritzpistole soll in einem Abstand von ca. 20 cm vom Werkstück parallel geführt werden und nicht aus dem Handgelenk geschwenkt werden, weil sich sonst der Abstand verändert. Dabei wird vom Körper weg und über den Rand hinausgespritzt, damit die Wendung der Spritzpistole außerhalb des Werkstückes erfolgt. Insgesamt ist auf ein Überlappen des Lackfilms zu achten und ggf. kreuzweise zu spritzen.

76.
In welcher Maßeinheit wird die Schichtdicke des Lackes gemessen?

In Mikrometer µm.

77.
Was sind MAK-Werte?

MAK ist die Abkürzung für „maximale Arbeitsplatzkonzentration". Diese Werte sind die Höchstwerte für Schadstoffe in der Luft.

***78.**
Welche Schutzvorschriften geben Hinweise auf Brand- und Explosionsgefahren?

VGB § 23.

79.
Welche Gefahren und Hinweise kennzeichnen folgende Symbole?

a) feuergefährliche Stoffe, b) ätzende Stoffe, c) giftige Stoffe d) Augenschutz tragen, e) Schutzhandschuhe tragen, f) Atemschutz tragen.

a)

b)

c)

d)

e)

f)

9 Innen- und Außenausbau

9.1 Maßordnung im Hochbau

1.
Wofür steht die Abkürzung VOB?

Die Abkürzung steht für „Verdingungsordnung für Bauleistungen“.

2.
Was regelt die VOB?

Die VOB bildet die vertragliche, rechtliche und z. T. technische Grundlage für Leistungen im Bauwesen.

3.
Aus welchen Teilen besteht die VOB?

Die VOB besteht aus drei Hauptteilen.

Teil A: Allgemeine Bestimmungen für die Vergabe von Bauleistungen

Teil B: Allgemeine Vertragsbedingungen für die Ausführung von Bauleistungen

Teil C: Allgemeine Technische Vertragsbedingungen für Bauleistungen

4.
Was sind Baurichtmaße nach DIN 4172?

Baurichtmaße sind theoretisch-planerische Bezugsgrößen auf der Grundlage der Maßgröße von 12,5 cm (Achtelmeter- oder Kopfmaß). Die wichtigsten Maße am Hochbau werden so geplant, daß sie ein Vielfaches dieses Achtelmetermaßes ergeben. Damit ermöglicht man die Herstellung von vielerlei Fertigteilen an Bauelementen (damit auch Fenster und Türen), die später vor Ort auch ohne teure Nacharbeiten passen.

5.
Was sind Nennmaße?

Nennmaße sind im Gegensatz zu den theoretischen Baurichtmaßen die wirklichen Maße, wie sie z. B. im Architektenplan angegeben sind.

***6.**
Welcher Zusammenhang besteht zwischen Bauricht- und Baunennmaßen?

Diese Frage läßt sich am besten an einem Beispiel erläutern. Angenommen, es soll eine Mauerecke mit anschließender Türöffnung errichtet werden. Die Mauerecke soll ein Vielfaches von 1 Meter groß sein, die Türöffnung 1 Meter breit. Zur Herstellung dieser Rohbauelemente greifen wir zu Fertigteilen, nämlich industriell vorgefertigte Mauersteinen in kleinen Größen. Hier werden uns nun Steine mit folgendem Format angeboten: L/B/H = 24/11,5/7,1 cm. Zunächst erscheinen die Maße noch willkürlich, der Sinn ergibt sich aber, wenn man sich den Produktionsablauf vor Augen hält.

Die Steine müssen, wie bekannt, in ein Mörtelbett verlegt werden. Die Stoßfuge wird mit 1 cm geplant und so ausgeführt. 1 Steinmaß + 1 Stoßfuge ergeben zusammen 25 cm, also 2 mal 12,5 cm. Nachdem wir 4 Steine in Längsrichtung verlegt haben, werden wir aber nur ein Maß von 99 cm feststellen können, denn der letzte Stein benötigt ja wegen des fehlenden Anschlusses keine weitere Stoßfuge von 1 cm Größe. Eine Konstruktion, die an beiden Seiten frei endet, bekommt also vorzugsweise ein Maß, daß um 1 cm geringer ist als das geplante Baurichtmaß von 1 Meter. Solche Maße nennen wir **Außenmaße.**

Nun setzen wir unsere Planung in der zweiten Richtung fort, um die andere Mauerseite und die Öffnung zu konstruieren. Der erste Stein wird an die bereits bestehende Mauer mit einer 1 cm breiten Stoßfuge verlegt usf., auch der 4. und letzte Stein vor der Öffnung. Wenn wir nun messen, kommen wir auf ein Maß von genau 1 Meter. Eine Konstruktion, die an einer Seite anschließt, bekommt also vorzugsweise ein tatsächliches Baunennmaß von genau 1 Meter. Maße für solche Fälle nennen wir **Anbaumaße.**

Um das sinnvolle Baunennmaß für die Türöffnung zu verstehen, müssen wir uns den Mauervorgang oberhalb des Türsturzes vorstellen. Hier geht ja die Mauer bis Unterkante Decke im Verband gemauert weiter. Fluchten wir uns die Mauerleibung nach oben hoch, so wird zunächst wieder 1 Stein mit einer 1 cm breiten Stoßfuge angesetzt. Der 4. Stein benötigt aber noch eine zusätzliche Stoßfuge auf der rechten Seite, damit sich wieder eine lotrechte Flucht mit der linken Mauerleibung ergibt. Für die Öffnung kommen wir somit auf das Maß von 1 Meter + 1 cm für die letzte Stoßfuge. Eine Konstruktion, die an zwei Seiten an Mauern anschließt, bekommt also vorzugsweise ein tatsächliches Baunennmaß von 1 Meter + 1 cm. Maße für solche Fälle nennen wir **Öffnungsmaße.** Damit erklärt sich auch das „ungerade Maß" von 1,01 m.

Für uns Schreiner ist das Öffnungsmaß der wichtigste Fall der Bemaßungsgrundlagen.

7.
Welche Baunennmaße werden am Rohbau unterschieden?

1. Außenmaße: Nennmaß = Baurichtmaß – 1 cm
2. Anbaumaße: Nennmaß = Baurichtmaß = Baunennmaß
3. Öffnungsmaß oder Innenmaß:
   Nennmaß = Baurichtmaß + 1 cm

8.
Was bedeuten folgende Abkürzungen auf Architektenplänen?

a) OFR b) OFF c) BR d) NM

a) Oberkante fertige Rohdecke
b) Oberkante fertiger Fußboden
c) Baurichtmaß
d) Nennmaß

9.
Welche praktische Bedeutung hat der Meterriß?

Der Meterriß ist eine Höhenmarkierung in Türnähe, die i. d. R. der Polier oder Bauleiter anzeichnet. 1 m unterhalb dieser

Markierung befindet sich die gedachte fertige Fußbodenoberkante, eine Höhe, die für den Sitz der einzubauenden Tür von entscheidender Bedeutung ist.

9.2 Wärmeschutz

1.
Wie entsteht Wärme?

Mechanisch, chemisch oder elektrisch.

2.
Nennen Sie jeweils ein Beispiel für die Wärmeentstehung!

Reibung ist ein Beispiel für die mechanische Entstehung, Verbrennung für die chemische und Widerstand im elektrischen Leiter für die elektrische Entstehung von Wärme.

3.
Wie breitet sich Wärme aus?

Wärme kann sich durch Wärmeleitung, Wärmeströmung und Wärmestrahlung ausbreiten.

4.
Wie erfolgt die Wärmeleitung?

Sie erfolgt innerhalb eines Körpers von wärmeren zu kühleren Molekülen. Für den Wärmeverlust eines Bauteils spielt diese Übertragungsform der Wärme die größte Rolle.

5.
Wie erfolgt die Wärmeströmung?

Sie erfolgt innerhalb von flüssigen und gasförmigen Stoffen durch Mitführen von Wärmemengen. Beispiel: Zentralheizung.

6.
Wie erfolgt die Wärmestrahlung?

Sie erfolgt ohne Mitwirkung eines Stoffes. Das beste Beispiel ist die Sonne, die die Luft nicht direkt erwärmt. Die Wärmeenergie wird erst durch das Auftreffen auf Materie aktiviert und dann durch Wärmeströmung innerhalb der Luft weitergeleitet.

7.
Welcher Kennwert gibt Auskunft über die Wärmeleitfähigkeit eines (Bau)Stoffes?

Der Materialkennwert für die Wärmeleitfähigkeit von Baustoffen ist λ (sprich: „klein Lambda").

***8.**
Wie ist die Wärmeleitfähigkeit eines Baustoffes definiert?

Die Wärmeleitzahl λ gibt an, welche Wärmemenge Q in 1 Sekunde durch 1 m^2 Fläche des betreffenden Baustoffes von 1 m Dicke geleitet wird, wenn der Temperaturunterschied an den Grenzflächen 1 Kelvin beträgt. (Der Temperaturunterschied von 1 Kelvin und 1 °C ist gleich groß.)
λ = W/m.K

9.
Welcher Zusammenhang besteht zwischen der Größe des Wärmeleitfähigkeitswertes und der Wärmedämmung des Baustoffes?

Je größer die Wärmeleitzahl eines Baustoffes, desto besser ist die Wärmeleitung, desto schlechter die Wärmedämmung des Baustoffes.

10.
Nennen Sie 5 Beispiele für Baustoffe mit einer geringen Wärmeleitfähigkeit, die deshalb auch zu den Wärmedämmstoffen zählen!

Mineralfaser, Polystyrol- und Polyurethanschaumstoffe, poröse Holzfaserplatten, Holzwolleleichtbauplatten, Korkplatten u. a. Holz mit einem durchschnittlichen λ-Wert von ca. 0,15 (W/m · K) gehört zwar nicht mehr zu den ausgesprochenen Dämmstoffen, man kann es aber zu den warmen Baustoffen zählen.

11.
Welche Faktoren beeinflussen die Wärmeleitzahl?

Die Rohdichte und der Feuchtegehalt eines Stoffes. Je höher die Rohdichte, desto größer ist die Wärmeleitfähigkeit. Je höher der Feuchtegehalt eines Stoffes, desto größer die Wärmeleitfähigkeit.

Merke: Ein nasser Pullover hält nicht mehr warm.

12.
Welcher Kennwert gibt Auskunft über die Wärmeverluste des gesamten Bauteils?

Der Wärmedurchlaßkoeffizient, auch k-Wert genannt.

***13.**
Welcher Zusammenhang besteht zwischen der Wärmedämmung eines Bauteils und der Größe des k-Wertes?

Der k-Wert kennzeichnet die Wärmemenge, die durch ein Bauteil (bestehend aus mehreren Baustoffen) strömt. Deshalb ist die Wärmedämmung eines Bauteils um so höher, je kleiner der k-Wert ist.

***14.**
Wo sind für die einzelnen Bauteile die höchstzulässigen k-Werte zu finden?

In der DIN 4108 und in der Wärmeschutzverordnung.

15.
Was bezeichnet man als Mindestwärmeschutz?

Der Mindestwärmeschutz von Bauteilen, der in DIN 4108 festgelegt ist, geht von einer Mindestwärmedämmung der Bauteile aus. Diese garantiert eine Oberflächentemperatur von ca. 13 °C und verhindert bei normalen klimatischen Verhältnissen die Tauwasserbildung. Zur verbesserten Wärmedämmung zwecks Energieeinsparung müssen Nachweise nach der Wärmeschutzverordnung erbracht werden.

16.
Welche Vor- bzw. Nachteile haben außen bzw. innen liegende Dämmaßnahmen?

Außendämmung:

Die Kälte dringt nicht in das Mauerwerk ein, die Gefahr von Kältebrücken ist geringer, auch die Fassade wird verbessert, das Mauerwerk dient besser als Wärmespeicher, die Wohnfläche wird nicht verkleinert wie bei der Innendämmung. Bei erhaltenswürdigen Fassaden ist sie allerdings nicht möglich.

Innendämmung:

Bei Modernisierungsmaßnahmen leicht vom Schreiner auszuführen, keine Gerüstvorhaltekosten, die Fassade bleibt erhalten, aber Gefahr der Tauwasserbildung an Wärmebrücken und Verkleinerung des Wohnraumes.

17.
Worauf ist bei einer Innendämmung in Feuchträumen besonders zu achten?

Zur Vermeidung der Kondenswasserbildung muß raumseitig eine Aluminium- oder Baufolie angebracht werden (Dampfsperre).

18.
Was sind Wärme- oder Kältebrücken?

Das sind Stellen am Außenbauteil, an denen der Mindestwärmeschutz unterschritten ist.

19.
Wo sind am Fenster Gefahren für Kältebrücken gegeben?

An der Leibung, dem Sturz, dem Rolladenkasten und der Brüstung. Daneben sind die innenseitigen Ecken der Außenwände gefährdet.

20.
Welche Risiken sind mit Kältebrücken verbunden?

Abgesehen vom erhöhten Wärmeverlust an diesen Stellen besteht hier die Gefahr der Tauwasserbildung und bei anhaltender Durchfeuchtung die Gefahr der Stockfleckenbildung.

9.3 Schallschutz

1.
Was ist Schall?

Schall ist eine mechanische Schwingung, die sich in gasförmigen, flüssigen und festen Körpern fortpflanzt. Die Fortpflanzung des mechanischen Impulses bedarf eines Mediums. Deshalb ist in einem Vakuum oder im Weltall keine (mechanische) Schallübertragung möglich.

2.
Welche Schallarten treten am Bauwerk auf?

Am Bauwerk wird nach Luftschall, Trittschall und Körperschall unterschieden.

3.
Wie werden die einzelnen Schallarten angeregt und wie werden sie übertragen?

Luftschall: Anregung durch Stimmen, Radio u. a. m., von außen vor allem durch den Verkehrslärm.

Trittschall: Anregung der Deckenkonstruktion durch Begehen, Stühlerücken u. a.

Körperschall: Anregung durch Wasser in Leitungen, Schalterbetätigung, Maschinenvibration u. a. Fortpflanzung des Schalls in Leitungen, Wänden, Decken u. a.

4.
In welcher physikalischen Einheit wird der Schallpegel bzw. die Lautstärke gemessen?

Die Lautstärke wird mit einem Meßgerät festgehalten, das den Schallpegeldruck in dezibel (dB) anzeigt. Um das menschliche Hörempfinden zu berücksichtigen, welches tiefere Frequenzen gegenüber höheren subjektiv als leiser empfindet, obwohl der gleiche Schallpegeldruck herrscht, wird ein sogenannter Bewertungsfilter A im Meßgerät eingebaut. Somit lautet die physikalisch vollständige Meßeinheit: dB(A).

5.
Welcher subjektive Eindruck entsteht bei einer Verringerung bzw. Erhöhung des Schallpegels um 10 dB?

Die Veränderung der „Lautstärke" um 10 dB bewirkt subjektiv den Eindruck der Lautstärkenhalbierung bzw. der Lautstärkenverdoppelung.

6.
Welche weiteren Abstufungen des Schallpegels bewirken eine Veränderung des subjektiven Hörempfindens?

+/– 10 dB: Verdoppelung bzw. Halbierung des Lautstärkeeindrucks

+/– 5 dB: merklich lauterer bzw. leiserer Lautstärkeeindruck

+/– 2 dB: kaum wahrnehmbarer Lautstärkeunterschied

***7.**
Welcher Frequenzbereich spielt für die praktische Schalldämmung am Bau eine Rolle?

Der Frequenzbereich zwischen 100 und 3 200 Hz. Das entspricht einer Frequenzbreite von 5 Oktaven (Verdoppelung der Frequenz = 1 Oktave).

8.
Welche Schalldämmarten können am Bauwerk durchgeführt werden?

Luftschalldämmung, Trittschalldämmung und Körperschalldämmung.

9.
Nennen Sie Konstruktionsbeispiele, an denen der Tischler Luftschalldämm-Maßnahmen ausführt!

Fenster, Türen, leichte Trennwandkonstruktionen, Wandverkleidungen einschließlich einer Verbesserung des Schalldämmwertes der Wandkonstruktion.

10.
Nennen Sie Konstruktionsbeispiele, an denen der Tischler Trittschalldämm-Maßnahmen ausführt!

Fußbodenkonstruktionen, Treppen.

11.
Nennen Sie Konstruktionsbeispiele, an denen der Tischler Körperschalldämm-Maßnahmen durchführt!

Örtliche Dämmaßnahmen an Maschinenfundamenten oder -lagern, Abdeckungen von lokalen Schallquellen wie Druckern u. ä. lauten Maschineneinrichtungen.

12.
Welches Maß kennzeichnet den Luftschalldämmwert von Bauteilen?

Das bewertete Schalldämmaß R_w.

***13.**
Welcher Unterschied besteht zwischen dem Schalldämmmaß R_w und R'_w (lies: „R-W-Strich“)?

Der Schalldämmwert eines Fensters kann im eingebauten Zustand im Bauwerk ermittelt werden. Man erhält hierbei den Wert R'_w. Wird der Schalldämmwert aber im Labor ermittelt, so entfällt die Strich-Bezeichnung. Der Schalldämmwert des Fensters wird unter Laborbedingungen günstiger als das „vor Ort" gemessene Fenster ausfallen. Berücksichtigt man im Labor bei den Messungen allerdings die „bauüblichen Flanken oder Nebenwegübertragungen“, so gibt man dem ermittelten Schalldämmwert ebenfalls den Zusatz ‘, obwohl die im Labor nachgestellten „Nebenwegübertragungen“ nicht ganz genau denen vor Ort entsprechen.

14.
Um welchen Schalldämmwert verschlechtert sich das eingebaute Bauteil gegenüber dem Schalldämmwert der Laboruntersuchung?

Gegenüber dem im Labor ermittelten Schalldämmwert R_w muß mit einer Verringerung von mind. 2 dB gegenüber dem Schalldämmwert vor Ort im eingebauten Zustand R'_w gerechnet werden.

***15.**
Welcher Zusammenhang besteht zwischen dem älteren Luftschallschutzmaß LSM und dem neuen bewerteten Schalldämmaß R_w?

LSM = R_w – 52 dB

R_w = LSM + 52 dB

Bsp.: LSM = – 4 dB.
R_w = – 4 dB + 52 dB
R_w = 48 dB

16.
Von welchen Einflußgrößen hängt der Schalldämmwert einer einschaligen Konstruktion ab?

1. Nach dem „Bergerschen Massengesetz“ ist die Rohdichte des verwendeten Baustoffes von entscheidender Bedeutung. Genauer: Der Schalldämmwert hängt von der flächenbezoge-

nen Masse ab. Wenn man 1 m² Wandfläche betrachtet, gilt folgender Zusammenhang:

Je höher die Rohdichte und die Dicke der Wand, desto besser ist das Schalldämmaß der Konstruktion.

2. Löcher, offene Fugen und Anschlüsse reduzieren das Schalldämmaß erheblich, u. U. um die Hälfte. Deshalb gilt es, die Konstruktion gut zu verfugen, zu verputzen und abzudichten. Schreiner stellen selten einschalige Konstruktionen her. Fenster, Türen, leichte Trennwände u. a. sind zweischalige Konstruktionen und unterliegen anderen schall-physikalischen Konstruktionsprinzipien. Sie können jedoch einschalige Wände mit einer Wandverkleidung und einer (u. U. vermeintlichen) zusätzlichen Schalldämmschicht versehen.

17.
Welche schalldämmenden Werkstoffe eignen sich auf einer einschaligen Wandkonstruktion und unter einer Wandverkleidung zur Verbesserung des Schalldämmwertes?

Nur weiche Mineralwolleplatten, keinesfalls sogenannte biegesteife Platten wie Polystyrol-Hartschaumplatten (Styropor® oder Holzwolleleichtbauplatten). Sie verschlechtern sogar den bestehenden Schalldämmwert der Konstruktion!

18.
Welche Schallschutzklassen gibt es für Fenster nach VDI 2719 (abgedruckt auch in DIN 4109, T.6)?

Die VDI 2719 unterscheidet die Schallschutzklassen 1 bis 5 bei Fenstern.

19.
Auf welches Schalldämmaß bezieht die DIN 4109 die Mindestanforderungen der einzelnen Schallschutzklassen?

Auf den Schalldämmwert im eingebauten Zustand als das bewertete Schalldämmaß R'_w („R-W-Strich“).

20.
Von welchen Einflußgrößen ist die Entscheidung für eine bestimmte Schallschutzklasse bei Fenstern abhängig?

Von dem „maßgeblichen Außenlärmpegel“ unter Berücksichtigung der unterschiedlichen Raumarten oder Raumnutzungen.

Bsp.: Maßgeblicher Außenlärmpegel = 65 dB, erforderlicher Innenlärmpegel für Bettenräume in Krankenhäusern (höchste Anforderungen) = 25 dB. 65 dB – 25 dB = 40 dB. Es ist eine Fensterkonstruktion der Schallschutzklasse 4 zu wählen. Für einen normalen Wohnraum mit einem höchstzulässigen Innenlärmpegel von 30 dB würde eine Fensterkonstruktion genügen, die 35 dB dämmt. Das entspräche eine Konstruktion der Schallschutzklasse 3.

***21.**
Welchen Mindestschalldämmwert muß die gewählte Fensterkonstruktion nachweisen, um die Anforderungen des o. a. Beispiels zu erfüllen?

Durch den Einbau des Fensters treten Schalldämmwert-Verluste auf. Das erfordert die Auswahl einer Fensterkonstruktion mit einem Mindestschalldämmwert R_w 40 + 2 dB = 42 dB, bzw. 35 + 2 dB = 37 dB für den zweiten Fall.

***22.**
Welche Mindestanforderungen werden an Türen gestellt, die von Hausfluren oder Treppenräumen in eine Wohnung mit Diele oder Flur führen?

Die Mindestanforderung an das Schalldämmaß beträgt R_w = 27 dB.

***23.**
Welche Mindestanforderungen werden an Türen gestellt, die direkt, ohne Flur, von Hausfluren oder Treppenräumen in Wohnungen oder Büroräume führen?

Die Mindestanforderung an das Schalldämmaß beträgt für diesen Fall 37 dB.

24.
Welchen Schalldämmwert hat eine Standard-Spanplattentür, d = 40 mm?

Etwa 20 dB.

25.
Was versteht man unter Schallabsorption?

Unter Schallabsorption versteht man den Verlust an Schallenergie bei der Reflexion des Schalls an den Begrenzungsflächen eines Raumes oder an Gegenständen und Personen in einem Raum.

***26.**
Was versteht man unter Schallabsorptionsgrad?

Der Schallabsorptionsgrad α (alpha) ist das Verhältnis der nicht reflektierten zur auffallenden Schallenergie. Beträgt $\alpha = 0$, so handelt es sich um eine vollständige Schallreflexion. Beträgt $\alpha = 1$, so handelt es sich um eine vollständige Schallabsorption.

***27.**
Worin besteht der Unterschied zwischen Schallabsorption und Schalldämmung?

Maßnahmen zur Verbesserung der Raumakustik betreffen das Problem der Schallabsorption. Hierbei befinden sich Schallquelle und Hörer im selben Raum. Maßnahmen zur Verbesserung der Schalldämmung beziehen sich auf einen Bauteil, der Schallquelle und Hörer trennt.

***28.**
Sind bauliche Maßnahmen zur Verbesserung der Schallabsorption gleichzeitig auch Verbesserungen an der Schalldämmung des Bauteils?

Nein. U. U. können solche Maßnahmen den Schalldämmwert des Bauteils verschlechtern, z. B. bei einer Anordnung von PS-Hartschaumplatten auf massive Wände.

29.
Ab welchem Schallpegel schreibt die Berufsgenossenschaft die Verwendung eines Gehörschutzes vor?

Ab einem Schallpegel von 85 dB (A). Die meisten Maschinen in der Tischlerei übersteigen diesen Schallpegel.

9.4 Brandschutz

1.
Welche Rechtsgrundlagen gibt es für den Brandschutz von Bauteilen?

Die Rechtsgrundlagen sind die DIN 4102, die Landesbauordnungen und Auflagen durch Bauaufsichtsbehörden.

2.
Wie wird die Brennbarkeit der Baustoffe nach DIN 4102 unterteilt?

Nach DIN 4102 gibt es folgende Baustoffklassen:
Nichtbrennbare Baustoffe gehören zu den Baustoffklassen A1 und A2. Brennbare Baustoffe werden unterschieden in die Baustoffklassen:

B1 – schwerentflammbare Baustoffe,

B2 – normalentflammbare Baustoffe,

B3 – leichtentflammbare Baustoffe.

3.
Welche Feuerwiderstandsklassen unterscheidet die DIN 4102 für Türen?

Sie unterscheidet hierbei nach T 30, 60, 90, 120 und 180.

4.
Welche Bedeutung haben die Ziffern nach dem Kürzel?

Die Ziffern geben die Zeitdauer an, die eine Tür einem genormten Probebrand Widerstand leistet, ohne Schäden an ihrer Mechanik und Funktion zu nehmen. Die Widerstandsdauer bei einer T 30 würde 30 Minuten entsprechen.

5.
Welche Feuerwiderstandsklassen werden bei Verglasungen unterschieden?

In DIN 4102 wird nach F-Verglasungen und G-Verglasungen unterschieden.

***6.**
Worin besteht der Unterschied zwischen einer F- und einer G-Verglasung?

Der wesentliche Unterschied besteht darin, daß die G-Verglasung die Wärmestrahlung im Brandfall teilweise durchtreten läßt und die F-Verglasung dies verhindert. Auf der feuerabgekehrten Seite kann es also bei der G-Verglasung zu Entzündungen kommen.

7.
Holz ist ein brennbarer Baustoff. Trotzdem kann mit ihm u. U. eine Baukonstruktion der Feuerwiderstandsklasse F 30 oder F 60 erzielt werden. Wie erklärt sich dieser „Widerspruch"?

Beim Brand entsteht eine äußere Holzkohleschicht. Diese ist wärmedämmend und verzögert die Verbrennung des Holzkerns. Wird der Balken in der Planung ausreichend groß bemessen, so kann im Brandfall der verbleibende Holzkern noch ausreichend Widerstand gegen Einsturz bieten.

8.
Durch welche Maßnahmen können Holzkonstruktionen in eine höhere Feuerwiderstandsklasse eingeordnet werden?

Durch den Auftrag chemischer Feuerschutzmittel oder die Anwendung konstruktiver Maßnahmen können Holzkonstruktionen und Holzverkleidungen in höhere Feuerwiderstandsklassen eingeordnet werden.

9.
Worauf beruht die Wirkungsweise eines chemischen Feuerschutzmittels?

Bei einer Temperatur von ca. 200 °C entwickelt das Feuerschutzmittel eine wärmedämmende Schaumschicht, die die Entflammbarkeit der behandelten Oberfläche verzögert oder verhindert.

10.
Worauf muß bei der Verwendung von Feuerschutzmitteln geachtet werden?

Der Untergrund muß völlig abgetrocknet sein, z. B. ein Lasuranstrich. Die relative Luftfeuchtigkeit darf nicht höher als 80 % sein, und die mit Feuerschutzmittel behandelte Oberfläche muß anschließend mit einem klaren Schutzanstrich versehen werden.

11.
Welche konstruktiven Maßnahmen erhöhen den Brandschutz von Holzkonstruktionen?

Die Verkleidung der Holzbauteile mit nichtbrennbaren Baustoffen wie Gipskarton- und Gipsfaserplatten u. ä., bei verglasten Konstruktionen die Verwendung von Brandschutzgläsern oder Drahtglas. Im allgemeinen erhöhen Hölzer mit höherer Rohdichte, glatter Oberfläche und gerundeten Kanten und rißfreies Holz den Brandschutz.

9.5 Fensterbau

1.
Welche allgemeinen Anforderungen werden an ein Gütefenster gestellt?

Neben den gestalterisch-architektonischen Anforderungen sind der Wärme- und Schallschutz die wichtigsten Gründe für eine Kaufentscheidung. Die Realisierung von Wärme- und Schallschutz beinhaltet eine Reihe von Detailanforderungen. Diese finden sich wieder in den Anforderungen an die Fugendichtigkeit, die Schlagregensicherheit, die Profilabmessungen, den Baukörperanschluß und die Glasfälze. Anforderungen an eine benutzerfreundliche und sichere Handhabung der Beschläge und an eine instandhaltungsarme Fensterkonstruktion runden die Anforderungspalette ab. Anforderungen an die Einbruchsicherheit kommen in der letzten Zeit ergänzend hinzu.

2.
Welche Verordnungen und Vorschriften sind im Zusammenhang mit der Wärmedämmung am Fenster verbindlich?

Die DIN 4108 und die Wärmeschutzverordnung (WSchVO) vom 16. 8. 1994 (Inkrafttreten 1. 1. 1995).

3.
Welcher Wert kennzeichnet den Wärmeverlust am Fenster?

k_F-Wert und der $k_{m,\ Feq}$-Wert (gemittelter äquivalenter Fenster-k-Wert).

4.
Welcher Zusammenhang besteht zwischen der Größe des k-Wertes und dem Wärmeverlust am Fenster?

Je niedriger der k-Wert, desto besser ist die Wärmedämmung!

5.
Welchen k-Wert darf ein Fenster nach der Wärmeschutzverordnung nicht überschreiten?

Der höchst zulässige k-Wert nach der Wärmeschutzverordnung 1995 beträgt 1,8 ($W/m^2 \cdot K$).

6.
Dürfen noch Einfachfenster oder „normale" isolierverglaste Fenster bei Modernisierungen oder Neubauten eingebaut werden?

Nein. Der k-Wert von einfach verglasten Fenstern liegt bei 5,3 ($W/m^2 \cdot K$) und der von „normalen" isolierverglasten Fenstern bei 2,6 ($W/m^2 \cdot K$). Sie sind damit nicht mehr zulässig.

7.
Wie ist eine Mehrscheiben-Isolierverglasung aufgebaut, die in Verbindung mit einem Holz- oder Kunststoffrahmen nach DIN 4108 einen Rechenwert von k_F = 1,6 ($W/m^2 \cdot K$) zuläßt?

Der Abstand der 2 × 4 mm dicken Scheiben beträgt 16 mm und ist mit Argon gefüllt. Zusätzlich ist die raumseitige Glasscheibe zum Scheibenzwischenraum hin mit einer Metalloxidschicht bedampft. Sie sorgt für einen Energiegewinn durch die Sonnenstrahlen.

8.
Welche Schallschutzklassen gibt es für Fenster nach der VDI-Richtlinie 2719 (abgedruckt auch in DIN 4109, T.6)?

Die VDI-Richtlinie 2719 unterscheidet bei Fenstern die Schallschutzklassen 1 bis 5.

9.
Von welchen Einflußgrößen ist die Entscheidung für eine bestimmte Schallschutzklasse bei Fenstern abhängig?

Von dem „maßgeblichen Außenlärmpegel“ unter Berücksichtigung der unterschiedlichen Raumarten oder Raumnutzungen. Bsp.: Maßgeblicher Außenlärmpegel = 65 dB, erforderlicher Innenlärmpegel für Bettenräume in Krankenhäusern (höchste Anforderungen) = 25 dB. 65 dB – 25 dB = 40 dB. Es ist eine Fensterkonstruktion der Schallschutzklasse 4 zu wählen. Für einen normalen Wohnraum mit einem höchstzulässigen Innenlärmpegel von 30 dB würde eine Fensterkonstruktion genügen, die 35 dB dämmt. Das entspräche einer Konstruktion der Schallschutzklasse 3.

10.
Welchen Mindestschalldämmwert muß die gewählte Fensterkonstruktion nachweisen, um den Anforderungen des o. a. Beispiels zu erfüllen?

Durch den Einbau des Fensters treten Schalldämmwert-Verluste auf. Das erfordert die Auswahl einer Fensterkonstruktion mit einem Mindestschalldämmwert R_w 40 + 2 dB = 42 dB, bzw. 35 + 2 dB = 37 dB für den zweiten Fall.

11.
Welche Schallschutzklasse erreicht ein normales Fenster IV 56?

Die Schallschutzklasse 2.

12.
Welche Konstruktionsdetails beeinflussen den Schalldämmwert einer Fensterkonstruktion?

Von großer Bedeutung für den Schalldämmwert eines Fensters sind:

- die Gesamtdicke der Scheiben,
- der Scheibenabstand,

- die Anzahl der Fälze,
- die Dichtigkeit der Fälze,
- die Beschläge, die die Dichtigkeit im Falz ermöglichen,
- der Baukörperanschluß,
- die Glasfalzausbildung.

13.
Welcher Wert kennzeichnet die Fugendichtigkeit der Fälze und des Baukörperanschlusses?

Der a-Wert (Fugendurchlaßkoeffizient).

14.
Was gibt der a-Wert an?

Der a-Wert gibt die Luftmenge in m^3 an, die in einer Stunde pro 1 m Fugenlänge ausgetauscht wird. Dabei wird ein Luftdruckunterschied von 10 N/m^2 angesetzt.

15.
Wodurch wird in der Praxis ein a-Wert von weniger als 2,0 (m^3/m.h) erreicht?

Durch den fachgerechten Einbau einer Lippendichtung aus PVC oder APTK in den Flügelfälzen und einen fachgerechten Baukörperanschluß.

16.
Welche Konstruktionsmerkmale legt die DIN 68 121 für das Fenster fest?

In Abhängigkeit von der Beanspruchungsgruppe A, B oder C nach DIN 18 055 legt sie Profilmaße, notwendige Mittelverriegelungen und notwendige Falzdichtungen fest.

17.
Bezeichnen Sie in der angeführten Abbildung die Hinweise mit Fachausdrücken!

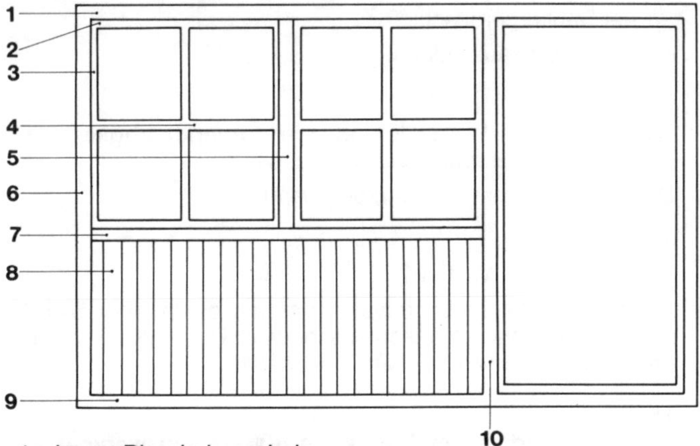

1 oberes Blendrahmenholz
2 oberes Flügelrahmenholz
3 senkrechtes Flügelrahmenholz
4 Sprossen
5 Setzholz (Pfosten)
6 senkrechtes Blendrahmenholz
7 Kämpfer (Riegel)
8 Brüstungsverkleidung
9 unteres Blendrahmenholz
10 Setzholz

18.
Was sind Einfachfenster nach DIN 4109?

Die Bezeichnung „Einfachfenster" darf nicht verwechselt werden mit der Bezeichnung „einfach verglaste Fenster", die für Aufenthaltsräume nicht mehr zulässig sind.

Die Qualität der Einfachfenster im Hinblick auf den Wärme- und Schallschutz ergibt sich erst aus der näheren Kennzeichnung der Verglasung und weiteren Konstruktionshinweisen wie Doppelfalzausbildung. So sind z. B. Einfachfenster mit schalldämmendem Isolierglas (R_w = 45 dB) und Doppelfalz der Schallschutzklasse 4 zuzuordnen.

19.
Beschreiben Sie ein Verbundfenster!

Ein Verbundfenster besteht aus einem zweiteiligen Flügelrahmen mit einem Blendrahmen. Die Verglasung besteht entweder aus zwei Einfachscheiben oder aus einer Einfach- und einer Isolierglasscheibe.

20.
Beschreiben Sie ein Kastenfenster!

Ein Kastenfenster besteht aus zwei getrennten Blend- und Flügelrahmen. Die Verglasung kann aus zwei Einfachscheiben oder aus einer Einfach- und einer Isolierglasscheibe bestehen.

21.
Wie kann der Schalldämmwert eines Kastenfensters noch zusätzlich erhöht werden?

Die Leibung wird zur Erhöhung der Schallabsorption, was wiederum die Schalldämmung erhöht, gelocht ausgeführt.

22.
Wieviel Bänder sind für ein 1,65 m hohes Fenster notwendig?

Über 1,50 m hohe Fenster benötigen 3 Bänder.

23.
Was ist eine Stoßbelüftung?

Die Stoßbelüftung ist eine Lüftungsart für die Heizperiode, um einen optimalen Luftaustausch im Raum bei minimalen Heizenergieverlusten zu erzielen. Dabei werden am besten morgens und abends die Drehfenster bei heruntergeschalteter Heizung für ca. 20 Minuten geöffnet. Die Luft wird dabei ausgetauscht, ohne die wärmespeichernden Wände auszukühlen. Bei den modernen, dichtschließenden Fenstern empfiehlt sich diese Lüftungsart besonders, um der vereinzelt auftretenden Stockfleckengefahr an den Fensterleibungen vorzubeugen und um ein hygienisches Raumklima zu unterstützen.

24.
Welche Vorteile bietet ein Drehkippfenster hinsichtlich der Belüftung?

In der Kippstellung lüftet das Fenster weitgehend zugfrei bei geringstem Platzbedarf. Die Drehstellung läßt eine Stoßbelüftung, wie sie aus wärmedämmtechnischer Hinsicht von Interesse ist, zu. Nicht sichtbare Funktionsteile in Verbindung mit einer Einhand-Bedienung kommen den ästhetischen Anforderungen des Benutzers entgegen.

25.
Welche einheimischen Holzarten werden vorwiegend im Fensterbau verwendet?

Fichte, Kiefer, Lärche und Eiche.

26.
Welche ausländischen Holzarten werden im Fensterbau verwendet?

Oregon-Pine, Hemlock, Redwood, Meranti, Sipo, Sapelli, Niangon, u. a.

27.
Welche Methoden der Oberflächenbehandlung unterscheidet die DIN 68 360 (Gütebedingungen für Fensterholz)?

Sie unterscheidet nach deckend und nicht deckend behandelter Oberfläche.

28.
Nennen Sie mindestens 5 Holzfehler gemäß DIN 68 360, die für nicht deckende Oberflächenbehandlung nicht zulässig sind!

Punktäste ø > 5 mm, rissige und lose Äste, Äste in Verbindungsstellen und am Überschlag, Kettendübelungen und Insektenbefall.

29.
Welche Holzfeuchte ist für Fensterholz zulässig?

Eine Holzfeuchtigkeit zwischen 12 und 15 %.

30.
Warum erhalten Rahmenprofile ab 56 mm Dicke einen Doppelzapfen?

Der Doppelzapfen verbessert durch die höhere Leimfläche die Standfestigkeit des Rahmens. Die Zapfendicke soll 15 mm nicht überschreiten. Bei üblicher Zapfendicke – D/3 = 56:3 = 18,7 mm – wäre dieses Höchstmaß überschritten.

31.
Welche Leime müssen im Fensterbau verwendet werden?

Nach DIN 68 602 B3- oder B4-Leime.

32.
Mit welchen Leimen kann eine B3- oder B4-Verleimung erreicht werden?

Mit Resorcin-Formaldehydleimen oder modifizierten PVAc-Leimen.

33.
Aus welchem Werkstoff werden Kunststoffenster hergestellt?

Sie werden aus hartem Polyvinylchlorid (PVC hart) hergestellt.

34.
Welche Vor- und Nachteile besitzen Kunststoffenster gegenüber Holzfenstern?

Kunststoffenster besitzen gegenüber Holzfenstern ein geringeres Eigengewicht, sie sind wartungsfreier, korrosionsbeständiger und schneller und damit preisgünstiger in der Herstellung. Von Nachteil ist ihre geringere Elastizität, ihre höhere Ausdehnung bei Temperaturschwankungen und die starke Aufheizung bei Sonneneinstrahlung.

***35.**
Wie verhalten sich die Elastizitätsmodule von Holz und Kunststoff zueinander?

Der E-Modul von Holz ist 4mal höher als der von PVC-Fenstern.

36.
Welcher Werkstoff dämmt besser die Wärme, Holz oder Kunststoff?

Die Wärmeleitfähigkeit der beiden Materialien ist annähernd gleich groß.

37.
Welche Konstruktionsarten gibt es für PVC-Fensterprofile?

Es wird unterschieden zwischen Einkammer- und Zweikammersystemen.

38.
Beschreiben Sie den Aufbau eines Einkammersystems!

Das PVC-Einkammer-Hohlprofil wird durch ein eingeschobenes Stahl- oder Aluminiumprofil verstärkt.

39.
Beschreiben Sie den Aufbau eines Mehrkammersystems!

Das Mehrkammersystem weist mehrere hintereinanderliegende abgeschlossene Kammerprofile auf.

40.
Welchen Vorteil hat das Mehrkammersystem gegenüber dem Einkammersystem bei der Entlüftung bzw. Entwässerung des Glasfalzes?

Weil die Entwässerung des Glasfalzes beim Mehrkammersystem über Nebenkammern vorgenommen wird, kommen hierbei die Metallprofile nicht mit Wasser in Berührung.

41.
Warum werden für PVC-Fenster helle Farbtöne empfohlen?

Dunkle Farbtöne erwärmen das Profil unter Sonneneinstrahlung sehr stark und können zu Verformungen führen.

42.
Wie verhalten sich Aluminiumprofile im Vergleich zu Holzprofilen in bezug auf ihre Wärmeausdehnung?

Die Wärmeausdehnung des Aluminiums ist etwa 8mal größer als die von Holz.

43.
Welche Eigenschaften des Aluminiums machen es als Werkstoff für Fensterprofile interessant?

Aluminium ist das leichteste Metall, das am Bauwerk verwendet wird. Neben seiner guten Witterungs- und Korrosionsbeständigkeit ist es vor allem die hohe mechanische Festigkeit, die für seine Verwendung spricht. Die schlechte Wärmedämmfähigkeit wird durch das Teilen des Profils und den Einbau eines wärmedämmenden Kunststoffes ausgeglichen.

44.
Warum müssen Holzfenster vor dem Einbau mit einem chemischen Holzschutzmittel imprägniert werden?

Nach dem Einbau wären die Flächen zum Baukörper hin nicht mehr erreichbar. Darüber hinaus bietet die Imprägnierung in der Phase des Rohbaus einen bedingten Schutz gegen die verstärkt auftretende Feuchtigkeit.

45.
Nennen Sie konstruktive Holzschutzmaßnahmen für das Holzfenster!

- Sorgfältige Holzauswahl.
- Kanten abrunden.
- Fenster nicht fassadenbündig setzen.
- Durch Schrägen das schnelle Ableiten des Regenwassers gewährleisten.
- Das waagrechte Blendrahmenfries geht durch, so daß das senkrechte Fries auf dem waagrechten Blendrahmen steht, nicht mit dem feuchtigkeitsempfindlichen Hirnholz auf dem Baukörper.

***46.**
Warum sind Lasuranstriche den deckenden Anstrichen für die Oberflächenbehandlung von Holzfenstern vorzuziehen?

Lasuranstriche sind offenporig und lassen die Feuchtigeitsabgabe des Holzes an die Außenluft zu.

Deckende Anstriche verhindern dies, und es kommt bei Erwärmung zur „Flötenkesselerscheinung“; der geschlossene Lackfilm wird durch den Dampfdruck zerstört.

47.
Welche Dichtungsebenen werden beim Fensterbau unterschieden?

Folgende Dichtungsebenen werden unterschieden:

- Flügel- und Blendrahmen,
- Glas und Flügelrahmen,
- Blendrahmen und Baukörper.

48.
Welche Forderungen werden an die Dichtungen zwischen Flügel- und Blendrahmen gestellt?

Sie müssen dauerelastisch sein und ein sogenanntes Rückstellvermögen aufweisen. Sie werden in den Ecken eingenutet und in einer Ebene rundum geführt, wobei die Ecken auf Gehrung zugeschnitten sind. Weiterhin müssen sie z. B. mit Anstrichstoffen verträglich sein und dürfen nicht brüchig werden.

49.
Aus welchem Material werden die Dichtungsprofile hergestellt?

Aus Weich-PVC oder Synthese-Kautschuk wie EPDM/APTK.

50.
Welche Anforderungen werden an einen Glasfalz gestellt, dessen Falzraum ausgefüllt wird?

Er muß luft- und wasserdicht sein. Außerdem muß der Dichtstoff in der Lage sein, Dehnungen und Schwingungen spannungsfrei weiterzuleiten.

51.
Welche Aufgaben haben Trag- und Distanzklötze?

Tragklötze verhindern ein Absinken der Scheibe in die Dichtungsmasse des Glasfalzes und eine Verformung des Flügelrahmens.
Die etwa 1 mm dünneren Distanzklötze gewährleisten den gleichmäßigen Abstand zwischen Glasscheibe und Flügelrahmen.

52.
Bezeichnen Sie in der Abbildung die verwendeten Baustoffe!

1. Außenputz
2. Führungsschiene vom Rolladen
3. dauerelastischer Kitt
4. Vorlegeband
5. Verankerung
6. Blendrahmenholz
7. Innenputz
8. Wärmedämmung

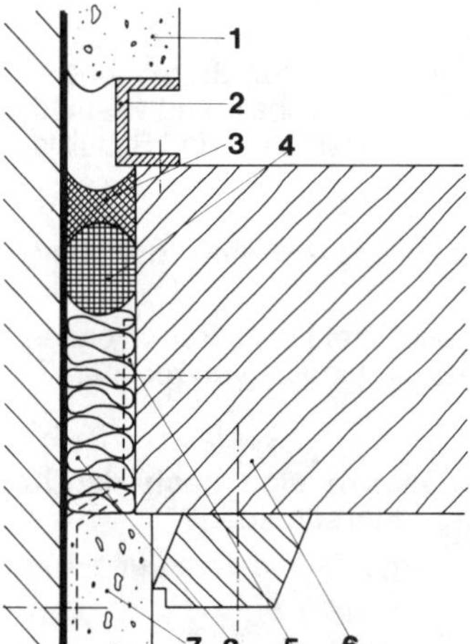

53.
Welchen Bewegungsspielraum lassen Silikon-Dichtstoffe ungefähr zu?

Höchstens 25 % ihrer Fugenbreite. Das entspricht bei einer Fugenbreite von 10 mm 2,5 mm.

9.6 Türenbau

1.
Nach welchen Gesichtspunkten können Türarten unterschieden werden?

Die Unterscheidung kann nach dem Verwendungszweck, nach der Bewegungsrichtung, nach der Konstruktion der Türumrahmung, nach der oberen Form des Türblattes, nach der Konstruktionsart, nach dem verwendeten Material, nach der Anzahl der Türflügel und nach der Anschlagart vorgenommen werden.

2.
Welche Türarten lassen sich dem Verwendungszweck zuordnen?

Hierbei unterscheidet man Außen-, Innen-, Zimmer-, Wohnungstüren, WC-Türen, schall- und wärmedämmende Türen, Strahlenschutz-, Krankenhaus- und Schulklassentüren.

3.
Welche Türarten lassen sich der Bewegungsrichtung zuordnen?

Hierzu lassen sich Drehflügeltüren, Pendel-, Falt-, Harmonika- Schiebe- und Drehkreuztüren rechnen.

4.
Welche Türen lassen sich nach der Konstruktion der Türumrahmung unterscheiden?

Blend-, Block-, Zargenrahmentüren und Türen mit Futter und Bekleidung.

5.
Welche Türen lassen sich nach der Form des oberen Abschlusses unterscheiden?

Hierunter fallen Stichbogen-, Segmentbogen-, Rundbogen-, Korbbogen- und Rechtecktüren.

6.
Welche Türen unterscheidet man nach der Konstruktion des Türblattes?

Hiernach unterscheidet man Bretter-, Latten-, Rahmen-, Sperrtüren und aufgedoppelte Türen.

7.
Welche Türen unterscheidet man im Hinblick auf die verwendeten Materialien?

Holz-, Metall- und (Ganz-) Glastüren und Türen aus verschiedenen Holzwerkstoffen.

8.
Welche Türarten unterscheidet man nach der Anzahl der Türflügel?

Hierbei unterscheidet man einflügelige und mehrflügelige Türen und Türen mit feststehenden Seitenteilen.

9.
Wie unterscheidet man Türen nach der Art des Anschlags?

Hiernach unterscheidet man (DIN-) Rechts- und Linkstüren, überfälzte und stumpf ein- oder aufschlagende Türen.

10.
Wonach richtet sich die Bezeichnung von links und rechts bei Türblättern, Beschlägen und Schlössern?

Man betrachtet die Seite der Tür, auf der man die Bänder sehen kann. Sitzen sie rechts, so handelt es sich um eine DIN-Rechtstür mit einem Rechtsbeschlag und einem Rechtsschloß. (Auch wenn sich das Schloß vom Betrachter aus gesehen auf der linken Seite befindet.)

11.
Welche Türumrahmungen sind in folgender Abbildung dargestellt?

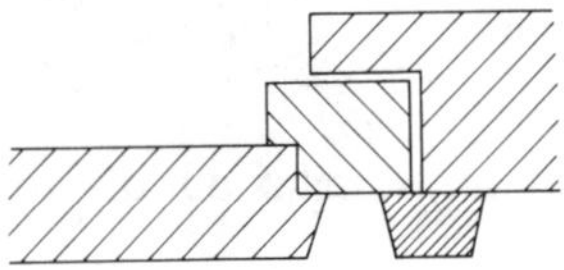
a

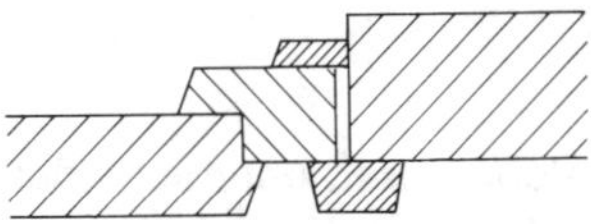
b

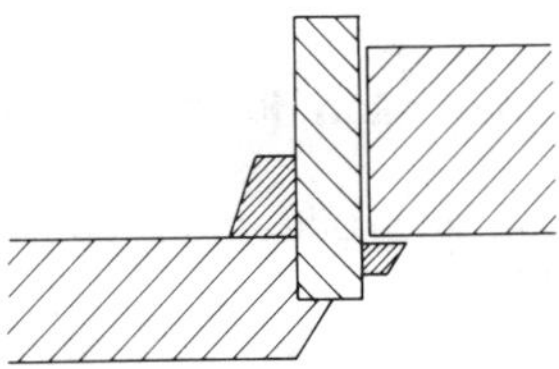
c

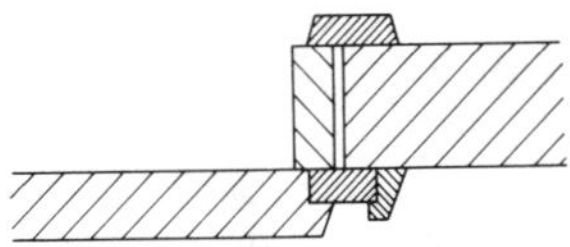
d

a) Blendrahmen b) Blockrahmen c) Zargenrahmen d) Futterrahmen

12.
Welche Türrahmen decken die Mauerleibung vollständig ab?
Das sind Futterrahmen mit Bekleidung und Zargenrahmen.

13.
Welcher Türrahmen liegt in einem Mauerfalz?
Der Blendrahmen.

14.
Bei welcher Rahmenart wird viel lichter Durchgangsraum weggenommen?
Beim Blockrahmen.

15.
Wonach richtet sich die normgerechte Bezeichnung für Türblattgrößen?
Sie richtet sich nach der Türblattbreite und -höhe.

16.
Nennen Sie drei Vorzugsmaße für Türblätter!

Breite x Höhe in mm: 735 x 1985, 860 x 1985 und 985 x 1985.

17.
Wie muß die Strebe bei einer Brettertür verlaufen?

Um das Gewicht der Tür optimal auf die Bänder zu verteilen, muß die Strebe von oben über der Schloßseite nach unten zur Bandseite verlaufen.

18.
Wie sind Sperrtüren aufgebaut?

Die vorwiegend industriell gefertigten Türblätter bestehen im allgemeinen aus einem Vollholzrahmen, der an Schloß- und Bandsitz verstärkt sein kann, weiterhin aus einer Mittellage und den Deckplatten. Für unterschiedliche Verwendungszwecke bietet die Industrie eine Vielzahl von verschiedenen Mittel- und Decklagen an.

19.
Was ist im Hinblick auf eine Beschichtung von Sperrtüren-Rohlingen zu beachten?

Die Beschichtung mit Furnieren, Schichtpreßstoffplatten, Leisten u. ä. ist stets symmetrisch, d. h. beidseitig vorzunehmen, um ein Verziehen des Türblattes zu verhindern.

20.
Worauf ist bei der Holzauswahl für eine Rahmentür zu achten?

Es dürfen nur fehlerfreie Mittel- oder Kernbretter verwendet werden.

21.
Wie können die Eckverbindungen des Rahmens hergestellt werden?

Die Eckverbindungen können entweder gedübelt oder gestemmt werden.

22.
Ab welcher Rahmenbreite sind 3 Dübel für die Eckverbindung zu verwenden?

Ab einer Rahmenbreite von 150 mm.

23.
Warum werden etwa $^2/_3$ des Zapfens oder Dübels im äußeren Bereich nicht verleimt?

Damit hier ein spannungsfreier Schwund des Rahmenfrieses von außen nach innen gewährleistet ist.

24.
Warum soll ein Holzkeil für die gestemmte Rahmeneckverbindung so schmal zugeschnitten sein, daß er nur im hinteren letzten Drittel den Zapfen festkeilt?

Dadurch kann der vordere Bereich des Rahmens spannungsfrei arbeiten.

25.
Aus welchem Spezialglas werden Ganzglastüren gefertigt?

Aus Einscheiben-Sicherheitsglas.

26.
Wie sind Glasausschnitte an der Ganzglastür anzufertigen?

Glasausschnitte sind werkseits anzufertigen. Eine nachträgliche Bearbeitung ist bei Einscheiben-Sicherheitsglas nicht mehr möglich.

27.
Wie ist eine aufgedoppelte Türkonstruktion aufgebaut?

Die tragende Vollholzrahmenkonstruktion ist in der Regel mit Dämmaterial gefüllt. Die Aufdoppelung kann mit Vollholzbrettern, Holzwerkstoffen oder anderen Materialien vorgenommen werden. Hierdurch kann eine gestalterische Vielfalt erzielt werden.

28.
Für welche Verwendung eignet sich die aufgedoppelte Türkonstruktion besonders?

Als Haustür und als spezielle schall- oder wärmedämmende Tür.

29.
Wie sind Nuten, Fälze und andere Fugen an der Wetterseite der Haustür zu konstruieren?

Um das Eindringen des Wassers zu verhindern, sind Nuten und Fälze zu überschieben und u. U. mit dauerelastischem Dichtstoff abzudichten.

30.
Welche Bänder eignen sich für ungefälzte Türen?

Für den Anschlag von ungefälzten Türen eignen sich Aufschraubbänder mit geraden Lappen (Kröpfung A), Einbohrbänder und Kombibänder.

31.
Welche Bänder eignen sich für den Anschlag von überfälzten Türen?

Für den Anschlag von überfälzten Türen eignen sich Aufschraubbänder mit Kröpfung D, Einbohrbänder, Kombibänder und Scharniere.

32.
Welche Beschläge eignen sich für Pendeltüren?

Hierfür eignen sich Bommer-Pendeltürbänder.

33.
Welche Angaben sind bei einer Türschloßbestellung notwendig?

Notwendig sind Angaben über

- DIN-Links- oder -Rechtstür (bzw. Universalschloß, wenn es für beide Seiten verwendbar ist),
- Türart,
- gefälzte oder ungefälzte Tür,
- Dornmaß,

- Schließungsart,
- mit oder ohne Wechsel.

34.
Von wo wird das Dornmaß gemessen?

Von Vorderkante Stulp bis Mitte Schlüsselloch.

35.
In welcher Ausführung werden Einsteckschlösser geliefert?

In leichter, mittelschwerer und schwerer Ausführung sowie in Spezialausführungen.

36.
Welche Schloßarten gibt es?

Es gibt Buntbartschlösser, Zuhaltungsschlösser und Zylinderschlösser mit Rund-, Oval- oder Profilzylinder.

37.
Welche Aufgabe hat die Wechseleinrichtung im Schloß?

Sie ermöglicht das Zurückziehen der Schloßfalle mit Hilfe des Schlüssels, wie es z. B. bei Wohnungseingangstüren notwendig ist.

38.
Welchen Anforderungen müssen Haustüren in besonderem Maße genügen?

Die Anforderungen an die Formstabilität sind durch den großen Unterschied zwischen Innen- und Außenklima besonders hoch.

Weitere Anforderungen sind:

- Fugendichtigkeit,
- Wärmedämmung,
- Schlagregendichtheit,
- mechanische Festigkeit,
- Einbruchsicherheit und
- in zunehmendem Maße Anforderungen an die Schalldämmung.

39.
Worauf muß im Hinblick auf die Formstabilität der Haustür bei der Holzauswahl besonders geachtet werden?

Für die Rahmenteile darf nur Holz mit stehenden Jahresringen verwendet werden.

40.
Welche Holzfeuchte muß das Holz bei der Verarbeitung aufweisen?

Einen Holzfeuchtegehalt zwischen 12 und 15 %.

41.
Welche Verleimqualität muß die Haustür aufweisen?

Eine wetterbeständige Verleimung (Beanspruchungsgruppe B3 oder B4). Bei Verwendung von Holzwerkstoffen ist ebenfalls auf eine wetterbeständige Verleimqualität zu achten.

***42.**
Welche Konstruktionselemente fördern die Einbruchsicherheit einer Haustür?

Industrielle Haustüren können nach DIN 18 103 (Einbruchhemmende Türen) geprüft werden und dieses Gütemerkmal erhalten. Handwerklich hergestellte Türen können in dieser Hinsicht verbessert werden, wenn folgende Merkmale berücksichtigt werden:

- Einbau von Schlössern mit Schließzylindern, die abtastsicher und aufbohrsicher sind und mit dem Schlüsselblech außen bündig liegen, um nicht mit Werkzeugen abgedreht werden zu können,
- Einbau von Schlössern mit Mehrfachverriegelungen,
- Einbau von angriffshemmender Verglasung,
- Türspaltbreite kleiner als 4 mm, um Hebelwerkzeugen keine Angriffsfläche zu bieten.

43.
Welche Konstruktionsarten können bei den Türblättern der Haustür unterschieden werden?

Es können unterschieden werden:

- Rahmen mit Füllung,

- aufgedoppelte Türen,
- glatte Türen.

44.
Wie groß darf die Rahmenbreite höchstens sein?
Die Rahmenbreite soll auf 150 mm beschränkt sein.

45.
Worauf ist zu achten, wenn in der Konstruktion eine waagrechte Nut verläuft?
Sie ist im oberen Teil der Verbindung anzuordnen, damit kein Wasser hineinfließen kann.

46.
Welche Türblattart eignet sich besonders zur Verbesserung der Schall- und Wärmedämmung?
Die aufgedoppelte Konstruktion.

47.
Auf welcher Seite ist bei einer wärmegedämmten Tür die Dämpfsperrschicht anzubringen?
Auf der warmen Innenseite.

9.7 Leichte Trennwände

1.
Was sind leichte Trennwände?
Unter leichten Trennwänden versteht man nichttragende Innenwände mit geringem Gewicht, die aus feststehenden oder demontierbaren Wandelementen aufgebaut sind.

2.
Welche leichten Trennwandkonstruktionen werden überwiegend aus Holz und Holzwerkstoffen errichtet?
Das sind Gerippewände mit einer Unterkonstruktion aus Holz, Elementwände und Raumtrenner.

3.
Bezeichnen Sie die abgebildeten Einzelheiten der Gerippewand mit ihren Fachausdrücken!

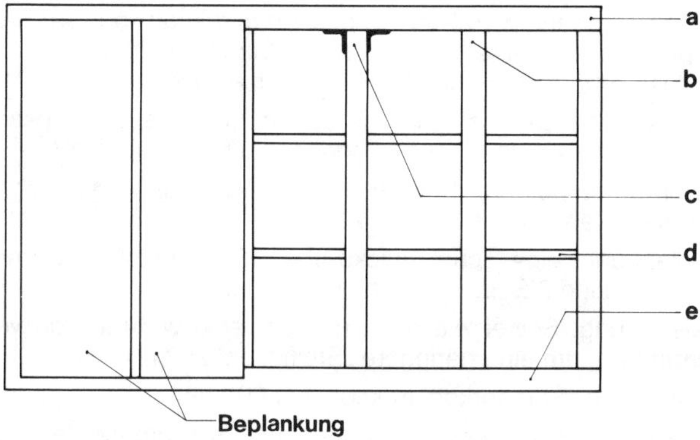

a) oberes Rahmenholz
b) Stiel
c) Stiel mit Winkeleisen
d) Riegel
e) Schwelle

4.
Welche Vor- und Nachteile hat eine leichte Trennwand gegenüber einer massiven Trennwand gleicher Dicke?

Vorteile: Die Belastung der Decke ist geringer. I. d. R. ist kein gesonderter statischer Nachweis nötig. Die Montage ist schneller und sauberer (Trockenbauweise). Sie ist u. U. demontierbar und läßt vielfältige Gestaltungsmöglichkeiten zu.

Nachteile: Ohne zusätzliche Maßnahmen ist die Schalldämmung geringer. Die horizontale Belastbarkeit ist geringer, Befestigungsmöglichkeiten für schwere Installationen müssen extra vorgesehen werden.

***5.**
Welche Maßnahmen verbessern die Schalldämmung einer Gerippewand?

Schalenabstand: Je größer, desto besser.

Doppelständerkonstruktion: Diese Konstruktion, bei der jede Beplankung an einer gesonderten Ständerkonstruktion befestigt ist, erhöht die Schalldämmung wesentlich.

Randanschlüsse: Sie sollen dicht sein. Geeignet sind zusammendrückbare Fugenbänder, sogenannte Randstreifen.

Hohlraumdämpfung: Eine 60 %ige Ausfüllung mit Schalldämmmatten reicht aus.

Beplankung: eine Schalendicke über 12,5 mm ist zu vermeiden; ggf. sind 2 Schalenlagen vorzusehen.

Befestigung: Soviel wie nötig und sowenig wie möglich verschrauben, um eine geringere „Steifigkeit" zu erzielen.

Abstand der Ständerkonstruktion: ca. 600 mm.

Schallnebenwege: Den durchgehenden schwimmenden Estrich ggf. unterbrechen. Fugen zwischen Beplankung und Baukörper und ggf. die Fugen zwischen den Beplankungen mit dauerelastischem Kitt abdichten.

6.
Wie können schwere sanitäre Anlagen an eine Trennwand angebracht werden?

Hierfür sind Auswechselungen und Verstrebungen vorzusehen, die die Last abtragen können.

7.
Wie sind Elementwände konstruiert?

Elementwände werden vorgefertigt und sind in sich standsicher. Um leicht transportierbar zu sein, sind sie besonders leicht und meist demontabel. Sie werden an ausgerichteten Fuß- und Deckenschwellen montiert, wobei Spannschrauben einen Höhenausgleich ermöglichen. Die lotrechten Stöße können in Nut- und Federausführung, mit Fremdfedern oder Systemverbindungen ausgeführt sein.

9.8 Einbauschränke

1.
Welcher Unterschied besteht zwischen Einbauschränken und mobilen Schränken?

Im Unterschied zu mobilen Schränken werden Einbauschränke an eine bauliche Situation angepaßt.

2.
Warum sind Einbauschränke im privaten und vor allem im öffentlichen Bereich sehr verbreitet?

Einbauschränke bieten viele Vorteile. So können Seiten- und (bei Raumteilerfunktion) Rückwände eingespart werden. Sie bieten vielerlei Gestaltungsmöglichkeiten durch die Betonung senkrechter Linien, was bei Einzelstücken nicht möglich ist, weil bei der geringen Breite keine „rythmische Aufteilung“ vorgenommen werden kann.

Als Nachteil wäre anzufügen, daß sie u. U. den Raum optisch verkleinern und Oberteile schlecht zugänglich sind.

3.
Warum muß der eingebaute Schrank rundum mindestens 20 mm Abstand zu den begrenzenden Bauteilen haben?

Dieser Mindestabstand garantiert in Verbindung mit Lüftungsschlitzen oben und unten eine Luftzirkulation.

4.
Dürfen für die Rückwände von Einbauschränken Hartfaserplatten verwendet werden?

Nein. Es müssen mindestens 6 mm dicke Furniersperrholzplatten oder 8 mm dicke Spanplatten verwendet werden.

5.
Worauf ist bei der Materialauswahl zu achten, wenn Schubkästenböden bei Einbauschränken größer als 0,25 m^2 sind?

Sie müssen aus mindestens 6 mm dicken Furniersperrholzplatten bestehen.

6.
Wie groß muß bei Einbauschränken der Mindestabstand einer Schornsteinwand zu Holzteilen sein?

Mindestens 70 mm.

9.9 Wandverkleidungen

1.
Welche Aufgaben kann eine Wandverkleidung erfüllen?

Sie kann grundsätzliche technische sowie architektonische Aufgaben haben. Überwiegend technische Anforderungen liegen vor, wenn die Wandverkleidung neben dem optischen Effekt in erster Linie wärme- oder schalldämmende Aufgaben erfüllen oder die Akustik des Raumes verbessern oder Installationsleitungen verkleiden soll.

2.
Welche unterschiedlichen Arten der Wandverkleidung gibt es?

Die Wandverkleidungen können aus Brettern, Stäben, Rahmen mit Füllungen oder Platten bestehen.

3.
Welche Anforderungen werden an die Unterkonstruktion gestellt?

Die Unterkonstruktion aus Latten muß auf trockene Wände aufgebracht werden (Vorsicht bei Außenwänden!). Die Latten sollen eine Holzfeuchte von ca. 10 % aufweisen und imprägniert sein. Sie müssen die Unebenheiten der Wand ausgleichen, was mit Hilfe von Keilen oder speziellen Distanzschrauben geschieht, die ein gleichzeitiges Befestigen und Ausrichten der Lattenkonstruktion ermöglichen und ein Ausrichten mit Keilen ersparen. Vor allem in Feuchträumen muß die Unterkonstruktion eine Hinterlüftung gewährleisten.

4.
Wie ist eine Hinterlüftung der Wandkonstruktion zu gewährleisten?

Am Fußboden und Deckenanschluß hat die Verkleidung einen Abstand von ca. 20 mm, sonst sind Lüftungsschlitze anzuordnen. Bei waagrecht angeordneter Unterkonstruktion sind in den Latten entweder Lüftungsschlitze anzuordnen oder eine Konterlattung aufzubringen. Die Konterlattung hat allerdings den Nachteil, daß man an nutzbarer Raumfläche verliert. Der lichte Abstand zwischen Wand und Verkleidung von ca. 25 mm soll eine ungehinderte Luftzirkulation gewährleisten.

5.
In welchem Abstand werden die Latten der Unterkonstruktion verlegt?

Der Abstand beträgt ca. 50–60 cm.

6.
Nennen Sie einige handelsübliche genormte Brettprofile, die für eine Verbretterung verwendet werden können!

Für eine Verbretterung werden gespundete Fasebretter, Profilbretter mit Schattennut, Stülpschalungsbretter, Akustikbretter u. a. im Handel angeboten.

7.
Wie ermittelt man das Deckmaß bei Profilbrettern mit Nut- und Federausführung?

Man bekommt das Deckmaß, indem man vom Profilmaß die Federbreite abzieht.

8.
Wozu wird das Deckmaß benötigt?

Das Deckmaß wird zur Ermittlung der Stückzahl bei gegebener Wand- oder Deckenlänge benötigt.

9.
Wie können Verstäbungen befestigt werden?

Sie können wie die Verbretterung auf einer Lattenunterkonstruktion angebracht werden. Schneller montiert man sie, wenn man sie auf einer Leiste aufschraubt und das vorgefertigte Element auf einer an der Wand befestigten Nut- oder Falzleiste einhängt.

10.
Für welche Wandarten eignen sich Verstäbungen besonders gut?

Wegen ihrer geringen Breite eignen sie sich besonders für runde Pfeiler und gewölbte Wandflächen.

11.
Wie sind Rahmentäfelungen konstruiert?

Der Massivholzrahmen kann entweder genutet oder gefälzt sein, um die Füllung aufzunehmen. Die vorgefertigten Elemente werden entweder auf Paßleisten aufgehängt oder je nach Gewicht mit Haken oder Druckknopfverbindern befestigt.

12.
Worauf ist bei Stößen an Innen- und Außenecken zu achten?

Die Ausbildung der Stöße soll ein freies Arbeiten der Verkleidung ermöglichen. Schattenfugen und Nut- bzw. Falzkonstruktionen sind hierfür geeignet.

13.
Welche Regeln sind zu beachten, wenn eine Verbretterung in einem Bad mit Wasser in Kontakt kommen kann?

Die Unterkonstruktion muß ggf. mit Lüftungsschlitzen versehen sein. Die Verbretterung soll einen unteren und oberen Abstand zu den Anschlüssen von ca. 25 mm haben. An der Unterseite werden die Bretter hinterschnitten, um eine Tropfkante auszubilden. Die Unterkonstruktion soll imprägniert werden und die Verbretterung eine offenporige, „atmungsaktive“ Lasur als Oberflächenschutz erhalten. Nuten werden so ausgerichtet, daß sie nach oben zeigen bzw. keine Möglichkeit für die Entstehung von Wassernestern abgeben.

14.
Wo sollen Dampfsperrfolien angeordnet werden, wenn eine Wandverkleidung mit Wärmedämmschichten ausgebildet wird?

Die Dampfsperrfolie wird raumseitig angeordnet, d. h. sie ist zu sehen, bevor die Verschalung angebracht wird.

9.10 Deckenverkleidungen

1.
Wie können Deckenverkleidungen konstruktiv ausgeführt werden?

Die Unterkonstruktion kann entweder direkt auf der Rohdecke befestigt werden oder an Hängevorrichtungen angebracht sein. Dann nennt man sie abgehängte Decken.

2.
Welche Arten der Deckenverkleidungen gibt es?

Es gibt:

- Verbretterungen (liegende Bretter),
- Lamellen- und Rasterdecken (stehende Anordnung der Bretter),
- Kassettendecken (Rahmen mit Füllungen),
- Vertäfelungen mit Platten oder Paneelen,
- Balkendecken mit Vollholzbalken oder hohlen Scheinbalken mit Zwischenfeldern.

3.
Warum muß das verwendete Holz für Deckenverkleidungen besonders trocken sein?

Weil die aufsteigende Luft an der Decke besonders warm ist.

***4.**
Warum sind in öffentlichen Gebäuden für die Befestigung der Unterkonstruktion keine Kunststoffdübel zugelassen?

Sie schmelzen im Brandfall.

***5.**
Wie tief müssen die Schrauben der Traglattung mindestens verankert sein?

Mindestens 24 mm bzw. das 5fache des Schraubenschaftdurchmessers.

10 Holzfußböden

1.
Welche Holzbelagstoffe werden industriell vorgefertigt?

Parkettstäbe, Tafelparkett, Mosaikparkett, Parkettriemen, Massiv-Parkettdielen, Mehrschichten-Parkettdielen, Fertigparkett, Hochkant-Lamellenparkett und Holzpflaster.

2.
Bei welchen Parkettarten werden Furniere verwendet?

Bei Tafelparkett können mindestens 5 mm dicke Sägefurniere für die Deckschicht verwendet werden. Beim Fertigparkett werden dünnere Furniere verwendet.

3.
Welche Parkettart ist schon gebrauchsfertig versiegelt?

Das Fertigparkett.

4.
Bei welcher Parkettart kann das Trägermaterial nicht aus Vollholz, sondern muß aus Holzwerkstoffen bestehen?

Beim Fertigparkett.

5.
Welche Vorteile hat Fertigparkett gegenüber Parkettstäben?

Es läßt sich schneller verlegen, benötigt keine Schleif- und Oberflächenbehandlung mehr, ist bei einer Verlegedicke von z. B. ca. 9 mm auch für nachträgliche Fußbodenaufbauten geeignet, die nicht hoch auftragen dürfen, und es ist preiswert. Die Oberflächenbehandlung kann dann natürlich nicht den individuellen Wünschen des Kunden (oder nur durch einen nicht mehr zu vertretenden höheren Aufwand) angepaßt werden. Die Gebrauchsdauer ist geringer als bei Parkettstäben aus Vollholz.

6.
Welche Federn werden für die Parkettstäbe verwendet?

Querholzfedern aus Weichholz.

7.
Welche Federn werden für Parkettriemen verwendet?

Keine! Sie sind bereits gespundet. Die Hirnholzkanten können allerdings auch nur genutet sein. Dort verwendet man dann wieder Querholzfedern.

8.
Welche Überlegungen führten zu Entwicklung von Mosaikparkett?

Mosaikparkett besteht aus kleinen Holzabschnitten. Das führt zu einer höheren Holzausbeute und zu einem geringeren Schwund. Mosaikparkett stellt eine preiswerte Alternative zu anderen Parkett- und sonstigen Fußbödenbelägen dar.

9.
In welchen Abmessungen werden Parkettstäbe geliefert?

Länge: 250 bis 600 mm

Breite: 45 bis 80 mm in 5-mm-Differenzen gestuft

Dicke: 22 mm

Sogenannte Langstäbe haben eine Länge zwischen 600 bis 1 000 mm in Abstufungen von 50 mm.

10.
Wie hoch muß der Feuchtegehalt der gelieferten Parkettstäbe sein?

Die Parkettstäbe müssen eine Holzfeuchte von 9 % ± 2 % aufweisen. Bei Fertigparkett, Parkettdielen und -platten liegen die Werte bei 8 % ± 2 % Holzfeuchte.

11.
Wie werden Parkettstäbe sortiert?

In den Sortierungsklassen Exquisit (E), Standard (S) und Rustikal (R).

12.
Wie wird Mosaikparkett sortiert?

In den Sortierungsklassen Natur (N) und Gestreift (G), bei Eiche noch zusätzlich in Rustikal.

13.
Bei welcher Sortierung ist Eichensplint nicht zugelassen?

Bei der Sortierung Eiche-Exquisit und Eiche-Standard für Parkettstäbe und Eiche-Natur für Mosaikparkett.

14.
Wie wird Eiche-Fertigparkett sortiert?

Es wird nach drei verschiedenen Sortierungen sortiert: XXX, XX und X.

15.
Welche Holzpflasterarten werden unterschieden?

Holzpflaster für industrielle und gewerbliche Zwecke (GE) und Holzpflaster für Räume in Schulen, Verwaltungsgebäuden u. ä. (RE).

16.
Welche kalt streichbaren Klebstoffgruppen werden nach DIN 281 (Parkettklebestoffe) unterschieden?

Lösungsmittelkleber und Dispersionskleber.

17.
Welcher Klebstoff enthält Wasser als Lösungsmittel?

Der Dispersionskleber. Dispersion heißt, daß sich die feinen Kunststoffpartikel im Wasser fein verteilen und sich erst, nachdem das Wasser verdunstet ist, zu einem zusammenhängenden Klebefilm vereinen.

18.
Nennen sie die wichtigsten Estricharten!

Mörtelestriche bzw. hydraulische Estriche, wie Zement-, Anhydrit-, Magnesia- und Gipsestriche, und bituminöse Estriche wie Gußasphaltestriche.

19.
Woraus besteht ein Zementestrich?

Er besteht aus dem Bindemittel Zement, mineralischen Zuschlagstoffen (Sand) und Wasser.

20.
Woraus besteht ein Magnesia-Estrich?

Er besteht aus gebranntem Magnesiumoxid, Chlormagnesiumlauge und Füllstoffen wie Quarzsand, Holzmehl, Kieselgur u. a. Chlormagnesiumlauge greift Eisen stark an.

21.
Woraus besteht Anhydrit-Estrich?

Aus Zuschlagstoffen, wasserfreiem Gips und Anmachwasser. Er bindet schnell ab und kann in großen Flächen ohne Dehnungsfugen hergestellt werden. Er ist allerdings empfindlich gegen Nässe.

22.
Woraus besteht ein Gußasphalt-Estrich?

Er besteht aus Bitumen und Zuschlagstoffen wie Sand und Splitt. Er enthält kein Wasser! Er kann wie der Anhydrit-Estrich in großen Flächen ohne Dehnungsfugen verlegt werden. An den Rändern muß aber bei einem Parkettfußbodenbelag ein mindestens 15 mm dicker Randdämmstreifen eingebaut werden.

23.
Warum muß der Gußasphalt-Estrich eine Dehnungsfuge am Rand haben?

Der fest mit dem Estrich verklebte Parkettboden ist in der Lage, den noch beweglichen (plastisch noch verformbaren) Gußasphalt an die Ränder zu schieben. Ohne Dehnungsfugen würde es zu einer Aufwölbung des Aufbaues kommen – auch wenn der Parkettboden noch ausreichend Luft zur Wand hat!

224.
Beschreiben Sie den Aufbau eines schwimmenden Estrichs!

Ein schwimmender Estrich wird auf eine Dämmschicht verlegt, die am Rand in der Schichtstärke des Estrichs hochgezogen ist, so daß der Estrich wie in einer Wanne keinen direkten Verbund mit der unteren und seitlichen Konstruktion hat. Dieser Estrich wirkt wärme- und vor allem trittschalldämmend.

25.
Welchen Mindestabstand zur Wand muß Gußasphalt-Estrich haben?

Einen Abstand von mindestens 10 bis 15 mm.

26.
Was versteht man unter Trockenunterböden (Trockenestrich)?

Das sind Fußbodenverlegeplatten aus Spanplatten, Gipskartonplatten oder Gipsfaserplatten, die auf unterschiedlichen Unterkonstruktionen verlegt werden.

27.
Woraus besteht eine Trockenschüttung?

Das sind schüttbare Dämmstoffe aus z. B. vulkanischem Gestein (Perlite) oder gebranntem Ton (Liapor), deren Volumen bei hohen Temperaturen vergrößert wurde.

28.
Wozu können Trockenschüttungen verwendet werden?

Sie dienen als Höhenausgleichsmasse und Wärmedämmung sowie als Unterbau für Trockenestriche.

29.
Welche Prüfungen müssen vor dem Verlegebeginn eines Parkettbodens am Untergrund vorgenommen werden?

Es müssen untersucht werden:

- Feuchtegehalt,
- Festigkeit,
- Ebenheit,
- Höhenkontrolle in bezug auf Höhenfestpunkte (z. B. Meterriß),
- Einhaltung evtl. Gefälleneigungen,
- Vorhandensein ausreichender Dehnungsfugen,
- Kontrolle auf Risse im Untergrund,
- Haftfähigkeit,
- Oberflächenbeschaffenheit,
- Verunreinigung,

- Raumtemperatur und relative Luftfeuchtigkeit,
- Dübelpositionen für Fußleisten.

30.
Mit welchen Methoden kann der Feuchtegehalt des Unterbodens festgestellt werden?

Mit einem CM-Gerät oder einem elektrischen Feuchtemeßgerät.

31.
Wie überprüft man die Festigkeit des Untergrundes?

Durch die sogenannte Ritzprobe. Bei versandeten Estrichen ergeben sich keine scharfkantigen Ritzen.

32.
Worauf ist bei Dehnungsfugen besonders zu achten?

Dehnungsfugen müssen durch die gesamte Schichtdicke gehen und in ausreichender Dicke bemessen sein. Bei Gußasphalt-Estrich ist auf jeden Fall auf das Vorhandensein der Randfugen zu achten.

33.
Wo ist mit dem Verlegen des Parkettbodens zu beginnen?

Parkettboden muß von der Mitte des Raumes aus verlegt werden.

34.
Wie wird die Gehrungsbreite der Parkettstäbe ermittelt?

Gehrungsbreite = Stabbreite · 1,414.

35.
Wie wird die Deckbreite ermittelt?

Deckbreite (Gehrungslänge) = Stablänge/1,414.

36.
Wie ermittelt man die notwendige Anzahl Parkettstäbe für eine Fischgrätreihe?

Anzahl = (Raumlänge – Randabstände)/Gehrungsbreite.

37.
Wie ermittelt man die Anzahl der Fischgrätreihen?

Die Breite des Raumes minus den Randabständen geteilt durch die Deckbreite des Stabes ergibt die notwendige Reihenanzahl für die Breite des Raumes.

38.
Warum wird der Parkettboden nach dem Verlegen noch abgeschliffen?

Um Unebenheiten zu beseitigen, die Holzoberfläche zu glätten und Kratzer zu entfernen (Lack wirkt wie eine Lupe).

39.
Wann sollte frühestens nach Beendigung der Verlegearbeiten mit dem Schliff begonnen werden?

Frühestens nach 24 Stunden. Je nach Klimabedingungen, Saugfähigkeit des Holzes, Dicke des Klebstoffbettes und Art des Untergrundes kann die notwendige Abbindezeit für den Klebstoff bis zu 3 Tagen und länger dauern.

40.
Mit welchen Schleifmaschinen kann ein Parkettboden abgeschliffen werden?

Mit Zylinder-, Band-, Rand- und Tellerschleifmaschinen, Ggf. stehen für schwer zugängliche Stellen noch besondere Aufsätze und kleine Handmaschinen zur Verfügung.

41.
Welche Schleifpapierkörnungen werden für den Parkettschliff verwendet?

Je nach Untergrund werden 16er (grobste Körnung für stark verklebt und verkrustete Altböden u. ä.) bis 120er (feinster Endschliff) Körnungen verwendet.

42.
Welche Schleifpapierkörnung wird für den Zwischenschliff beim Lackieren verwendet?

Z. B. 240er Körnung.

43.
Wie müssen Schleifpapiere gelagert werden?

In Räumen mit normalem Klima. Feuchtigkeitseinwirkungen verringern die Standzeit.

44.
Wie können Risse und Fugen im Parkett ausgebessert werden?

Mit selbsthergestellten Holzkitten, bestehend aus dem Schleifstaub des letzten Schliffes und einem speziellen Holzkittbindemittel. Bei Verwendung von flüssigem Holzkitt, der nicht selbst angesetzt wurde, ist die Möglichkeit, den Holzton zu treffen, geringer.

45.
Welche Arten der Oberflächenbehandlung versiegeln den Holzfußboden nicht?

Ölen, Kaltwachsen und Warmwachsen.

46.
Welche Lacke werden zur Versiegelung eines Holzfußbodens verwendet?

Öl-Kunstharzlacke, Urethan-Alkydharzlacke, säurehärtende Lacke, Polyurethanlacke (DD-Lacke) und Wasserlacke.

47.
Für welche Fußböden eignen sich Öl-Kunstharzlacke und Urethan-Alkydharzlacke besonders gut?

Für Turnhallenböden, weil hier rutschhemmende Lackfilmeigenschaften verlangt werden, die diese Lacke erreichen.

48.
Unter welchen Umständen können auch andere Lacke für die Versiegelung von Parkett-Turnhallenböden verwendet werden?

Wenn sie nach DIN 18 032 geprüft worden sind.

49.
Welche Vorsichtsmaßnahmen müssen beachtet werden, wenn mit lösungsmittelhaltigen Klebern oder Lacken gearbeitet wird?

Folgende Maßnahmen müssen beachtet werden:

- Für eine gute Durchlüftung der Räume sorgen!
- Empfindliche Pflanzen und Haustiere entfernen (z. B. Fische)!
- Zündquellen ausschließen, z. B. durch Herausschrauben aller nicht benötigten elektrischen Sicherungen, und sie selbst verwahren.
- Ausschalten von Gasthermen.

50.
Worauf ist bei elektrischen Speicherheizungen im Hinblick auf die Entzündung von Lösungsmitteldämpfen zu achten?

Elektrische Speicherheizungen können sich bis zu 800 °C aufheizen und benötigen mindestens 36 Stunden, um wieder auf 170 °C abzukühlen.

51.
Wo ist im Raum die Lösungsmittelkonzentration am dichtesten?

Lösungsmitteldämpfe haben eine höhere Dichte als Luft, so daß die Konzentration auf dem Raumboden am größten ist.

52.
Welche rechtlichen Grundlagen geben Hinweise für das Ausmaß und die Abrechnung von Parkettarbeiten?

DIN 18 356.

53.
Nach welcher rechtlichen Grundlage werden Parkettarbeiten abgenommen?

Nach der VOB Teil B (Verdingungsordnung für Bauleistungen).

11 Stichwortverzeichnis

Hinweis: Die Zahl vor dem Bindestrich gibt das Kapitel an, die Zahl hinter dem Bindestrich gibt die Frage in diesem Kapitel an.

Beispiel: Abbeizfluide 3.2-29, 3.5.6-2
Zu dem gesuchten Begriff sind im Kapitel 3.2 die Frage 29 und im Kapitel 3.5.6 die Frage 2 enthalten.